最短合格

1級管工事
超速マスター
第5版

関根康明

TAC出版
TAC PUBLISHING Group

⊡ はじめに

　1級管工事施工管理技士は，建設業法に基づく国家資格です。建設現場の元請けとして，大規模な管工事の監理技術者になれ，社会的評価の高い資格です。専任の技術者を配置する工事が増えたことから，個人のみならず企業にとっても有益な資格といえます。

　試験は，第一次検定と第二次検定があり，第一次検定に合格すると，1級管工事施工管理技士補，第二次検定に合格すると，1級管工事施工管理技士になります（免状交付申請後）。

　本書では，予備知識のない読者も考慮して試験で問われる要点のみをまとめ，わかりやすい解説に努めました。第一次検定の基礎から，その延長上にある第二次検定までを一冊にまとめることで，時間をロスすることなく，効率的に学習することができます。第一次検定と第二次検定の両方に共通する基礎的な知識を培っていただくことも，本書が期待するところです。

　さらに，各節の終わりでは，過去に出題された重要な問題を掲載しているので，学習の効果を確認することができます。

　受験者の皆さんには，管工事施工管理技士試験に合格するための入門書として，また試験直前には，最終確認を行う総まとめとして，本書を有効に活用していただければと思います。

　そして，合格の栄冠を手にされることを祈念いたします。

目 次

第一次検定

第1章　一般基礎

第2章　空気調和設備

第3章　給排水・衛生設備

第7章　法規

第二次検定
第1章　設備図と施工

第2章　工程管理

第3章　法規

第4章　施工経験記述

※本書で掲載している過去問題は，本文の表記方法に合わせているため，実際の試験とは一部表現が
異なります。

受験案内

受験資格

詳細は全国建設研修センターのホームページを参照してください。

◆第一次検定

学歴または資格	実務経験年数	
	指定学科	指定学科以外
大学卒業者，専門学校卒業者（「高度専門士」に限る）	3年以上	4年6ヶ月以上
短期大学卒業者，高等専門学校卒業者， 専門学校卒業者（「専門士」に限る）	5年以上	7年6ヶ月以上
高等学校・中等教育学校卒業者， 専門学校卒業者（「高度専門士」「専門士」を除く）	10年以上	11年6ヶ月以上
その他の者	15年以上	
技能検定合格者	10年以上	
2級合格者		

◆第二次検定

学歴または資格		管工事施工に関する 実務経験年数	
		指定学科	指定学科以外 卒業後
2級合格後3年以上の者		合格後1年以上の指導監督的実務経験および専任の監理技術者による指導を受けた実務経験2年以上を含む3年以上	
2級合格後5年以上の者		合格後5年以上	
2級合格後5年未満の者	高等学校卒業者，中等教育学校卒業者（「高度専門士」「専門士」を除く）	卒業後9年以上	卒業後10年6ヶ月以上
	その他の者	12年以上	

試験日程

- 第一次検定実施日：9月上旬（年1回）
- 第二次検定実施日：12月上旬（年1回）
- 合格証明書交付：4月頃以降予定

試験科目・出題形式

◆第一次検定（マークシート方式）

検定科目	知識能力	検定基準
機械工学等	知識	・機械工学，衛生工学，電気工学，電気通信工学および建築学に関する一般的な知識 ・設備に関する一般的な知識 ・設計図書に関する一般的な知識
施工管理法	知識	・監理技術者補佐としての，施工計画の作成方法および工程管理，品質管理，安全管理等工事の施工の管理方法に関する知識
	能力	・監理技術者補佐として施工の管理を適確に行うために必要な応用能力
法規	知識	・建設工事の施工に必要な法令に関する一般的な知識

◆第二次検定（記述式）

検定科目	知識能力	検定基準
施工管理法	知識	・監理技術者として工事の施工の管理を適確に行うために必要な知識
	能力	・監理技術者として設計図書を正確に理解し，設備の施工図を適正に作成し，並びに必要な機材の選定および配置等を適切に行うことができる応用能力

問い合わせ先

一般財団法人　全国建設研修センター

〒187-8540　東京都小平市喜平町 2-1-2　1 号館 2F

TEL 042-300-6855　　FAX 042-300-6858

ホームページ　http://www.jctc.jp/

第 1 章

一般基礎

1 環境

まとめ & 丸暗記　　この節の学習内容とまとめ

☐ **日射**　全日射量＝直達日射量＋天空日射量

　　　　日射の熱エネルギーは赤外線部に多い

☐ **大気透過率** $\dfrac{直達日射}{大気圏に入る前の日射の強さ}$　冬期や田園部が高い数値

太陽光の波長〔単位：nm〕

170	380	760	10^6
←紫外線→	←可視線→	←赤外線→	

☐ **地球温暖化係数**：二酸化炭素は1で，他のガスはこれより大きい

　　　　二酸化炭素は排出量が多く温暖化の影響度は大

☐ **オゾン層破壊**：フロンガスによる破壊で紫外線が地上に達する

☐ **空気の組成**：酸素は約21%で18%未満は酸素欠乏

☐ **温度の種類**　有効温度（**ET**）　修正有効温度（**CET**）

　　　　新有効温度（**ET***）　作用温度（**OT**）

　　　　等価温度（**EW**）

☐ **温冷感と指標**　予想平均申告（**PMV**）：－3から＋3までの数値

　　　　予想不満足者率（**PPD**）：温冷感に不満をいう人

　　　　　　　　　　　　　　　　　の割合

☐ **基礎代謝量**：仰臥安静時の代謝量

☐ **エネルギー代謝率**　$\dfrac{作業時代謝量－椅座安静時の代謝量}{基礎代謝量}$

☐ **met**：人体の単位体表面積当たりの代謝量を示す単位

☐ **clo**：衣服の熱絶縁性の単位

地球環境

1 日射と熱エネルギー

　日射とは太陽からの放射のことで，電磁波として地上に降り注ぎます。日射には次の2つがあります。

①直達日射

　大気を透過して直接地表に到達する日射です。

②天空日射

　大気中で散乱して地表に到達する日射です。

　この2つの日射量を合計したものを全日射量と呼びます。

> 全日射量 ＝ 直達日射量 ＋ 天空日射量

　直達日射と天空日射は，太陽が出ている昼間にだけ存在しますが，雲が厚くなると，その日射量は極めて少なくなります。

　日射が大気圏に入ると，大気中の水蒸気やちり，ほこりなどの影響を受けます。

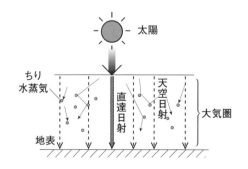

補足

電磁波
電波のように伝わる特性をもったもの。光もその一つです。

天空日射
日射が大気中で乱反射し，あたかも天空から降り注ぐ（放射される）イメージです。天空日射のことを天空放射とも表現します。

3

大気圏に入る前の日射の強さに対する，地表上に直接到達した日射（直達日射）の強さの比を大気透過率といいます。

$$大気透過率 = \frac{直達日射}{大気圏に入る前の日射の強さ}$$

大気透過率は季節，地域によって多少の差があります。たとえば，日本の夏は蒸し暑く湿気が多いので，空気中にたくさんの水蒸気を含みます。日射がこの水蒸気にぶつかり乱反射するため，直達日射は少なくなり，夏の大気透過率は小さくなります。一方，冬は乾燥し，湿度が低くなるので，直達日射量が多くなり，大気透過率は高くなります。

また，都市部と田園部を比べると，都市部は車の排気ガスや工場からの煤煙などが多いため，直達日射量は少なくなり，大気透過率は小さくなります。

日射の熱エネルギーは，赤外線部や可視線部に多く含まれ，紫外線部にはほとんど含まれていません。

太陽光の波長〔単位：nm〕

2 温室効果ガス

温室を覆うビニールのように，地球上の熱を吸収し，宇宙へ放出させないようにしているガスのことで，地球温暖化の原因になっています。COP3で採択された京都議定書には，削減の対象となる温室効果ガスとして，二酸化炭素，メタン，代替フロンなどの6種類が定められています。

なお，日本が他国に協力して実施した事業における温室効果ガスの削減量は，日本の削減実績に繰り入れることができます。

3 地球温暖化係数（GWP）

温室効果の大小は，地表からの赤外線を吸収する割合によって異なりま

す。二酸化炭素を1とした場合の赤外線の吸収割合を地球温暖化係数と定義します。他の温室効果ガスは，二酸化炭素より大きな数値です。しかし，二酸化炭素は排出量が多いため，地球温暖化への影響度がもっとも大きいのです。

　なお，アンモニアは，地球温暖化係数が小さく（6種類に指定された温室効果ガスではありません），オゾン層破壊係数は0の自然冷媒です。

4 オゾン層破壊係数

　オゾン層とはオゾンを多量に含む層で，太陽光に含まれる有害な紫外線を吸収します。地上からおよそ20〜30km上空で，成層圏といわれるゾーンの一部にあります。なお，成層圏は大気圏の一部です。

　オゾン層が破壊されると，太陽光に含まれる有害な紫外線がそのまま地表に到達し，皮膚がんや白内障など人に悪影響を及ぼします。

　空調機の冷媒ガスとして使用されているフロンガスにはオゾン層を破壊するものがあります。オゾン層を破壊する力を数値で示したものをオゾン層破壊係数といい，特定フロンを1として，その破壊力を相対的に判断します。代替フロン（HFC）は0です。

5 大気汚染物質

①酸性雨

　大気中の硫黄酸化物や窒素酸化物が溶け込んでpH5.6以下の酸性となった雨や霧などのことで，湖沼や森林の生態系に悪影響を与えます。

補足

1 環境

大気透過率
一般に0.6〜0.8程度の数値です。

波長
光は電磁波であり，いろいろな波の長さをもっています。波長とは図で示した長さです。

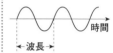

熱に関係した部分の波長はナノメートルという単位（$1nm = 10^{-9}m$）で表します。

自然冷媒
自然界に存在する物質で，冷媒（冷凍機で周囲を冷たくするときなどに使われる流体のこと。圧力を加えると蒸発し周囲の熱を奪う）として利用されます。

代替フロン
オゾン層破壊係数は0ですが，地球温暖化係数は高いです。

pH
酸性，アルカリ性の強さを表す指数です。

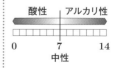

硫黄酸化物や窒素酸化物は，その大部分が石油や石炭など化石燃料の燃焼により生成するもので，酸性雨の原因物質になっています。

②浮遊粒子状物質

工場から排出される煤塵やディーゼル車の排気ガスなどから発生する物質です。

③光化学汚染物質

大気中に窒素酸化物と炭化水素が共存するとき，太陽の紫外線を受けることによって生成します。

6 排水の水質

湖沼や河川などの水質汚濁の指標には，次のようなものがあります。

①BOD (Biochemical Oxygen Demand)

水中に含まれる有機物が，微生物によって酸化分解される際に消費される酸素量〔mg/L〕で表されます。

②COD (Chemical Oxygen Demand)

水中に含まれる有機物が，酸化剤で化学的に酸化したときに消費される酸素量〔mg/L〕で表されます。

③SS (Suspended Solid)

粒径2mm以下の水に溶けない懸濁性の浮遊物質で，水の汚濁度を視覚的に判断する指標として用いられます。

④DO (Dissolved Oxygen)

水中に溶存する酸素のことで，その量は〔mg/L〕で表します。生物の呼吸や溶解物質の酸化などで消費されます。

⑤TOC（Total Organic Carbon）

　水中に存在する有機物に含まれる炭素の総量〔mg/L〕で，水中の総炭素量から無機性炭素量を引いて求めます。

⑥ノルマルヘキサン抽出物質含有量

　油脂類による水質汚濁の指標として用いられ，水中に含まれる油分などがヘキサンで抽出される量〔mg/L〕で表されます。

補足

BOD
Biochemical（生物化学的）Oxygen（酸素）Demand（要求量）の略で，1Lの水を20℃で5日間放置して調べます。

ノルマルヘキサン抽出物質
グリースや油状物質など，厨房からの排水に含まれます。

過去問にチャレンジ！

問1　　　　　　　　　　　　　　　難　中　**易**

日射に関する記述のうち，適当でないものはどれか。

(1) 大気中の透過率は，大気中に含まれる水蒸気よりも二酸化炭素の量に影響される。
(2) 日射により加熱された地表から放射される遠赤外線は，大気中の二酸化炭素などの温室効果ガスに吸収される。
(3) 日射の熱エネルギーは，紫外線部よりも赤外線部および可視線部に多く存在する。
(4) 大気を透過して直接地表に到達する日射を直達日射といい，大気中で散乱して地表に到達する日射を天空日射という。

解　説

　大気中の透過率は，大気中に含まれる水蒸気と塵埃（ちり，ほこり）の影響を受け，透過率は減少します。

解　答　(1)

室内環境

1 空気の組成

大気中の気体の容積比は，図のとおりです。

2 汚染物質

室内空気を汚染する主な物質には，次の4つがあります。

①一酸化炭素（CO）

開放型燃焼器具の不完全燃焼（酸素濃度18.5%以下）によって発生します。タバコの煙にも含まれる，無色無臭の気体です。

②二酸化炭素（CO_2）

無色無臭の気体で水に溶け，酸性を呈します。

③浮遊粉じん

直径が10μm以下のものは，人体に影響があります。

④ホルムアルデヒド

揮発性有機化合物（VOCs）の一つで，ホルマリンが気化したものです。
揮発性有機化合物は，シックハウス症候群の原因物質です。ホルムアルデヒドの放散量は，建材等に「F☆☆☆☆」のように表示され，☆が4つのものは放散量が最も少ないことを意味します。

3 結露

1
環境

暖めた部屋の窓の内側が外気で冷やされ，水滴が付きます。これが結露です。

多層壁の構造体の内部における各点の水蒸気圧を，その点における飽和水蒸気圧より低くすることにより，結露を防止できます。

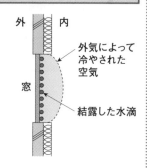

外気によって冷やされた空気

窓

結露した水滴

外壁の室内側に断熱材を設ける場合，防湿層（防湿シート）は断熱材の外側よりも室内側に設けたほうが，結露が生じにくくなります。

また，壁体内部の水蒸気分圧を飽和水蒸気圧より低くすると，内部結露が防止できます。

過去問にチャレンジ！

問1　　難　中　易

冬期における外壁の結露に関する記述のうち，適当でないものはどれか。

(1) 外壁に断熱材を用いると熱貫流抵抗が大きくなり，結露を生じにくい。

(2) 外壁の室内側に断熱材を設ける場合，防湿層は断熱材の屋外側より室内側に設けるほうが，内部結露を生じにくい。

(3) 多層壁の構造体の内部における各点の水蒸気圧を，その点における飽和水蒸気圧より高くすることにより，結露を防止することができる。

(4) 室内空気の流動が少なくなると，壁面の表面温度が低下し，結露を生じやすい。

解説

室内の水蒸気圧が飽和水蒸気圧より高ければ，結露が生じます。

解答 (3)

熱環境

1 温度の測定

①オーガスト乾湿計

乾球と湿球の2つで温度と湿度を測定します。湿球はガーゼを巻いて水に浸しておきます。

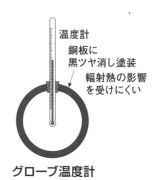

温度計
銅板に
黒ツヤ消し塗装
輻射熱の影響
を受けにくい

②グローブ温度計

放射熱を測定する温度計です。構造的には直径15cmのグローブ（黒球）で覆われています。

グローブ温度計

2 温度の種類

①有効温度（ET）

ヤグローが実験的に求めた温度で，乾球温度，湿球温度および気流速度（風速）の3つの要素を考慮した温度です。

この3つの要素を，同じ体感を得る，無風，湿度100％のときの温度で表したものです。つまり，3つの要素を1つの温度で表そうとするものです。

右の図は，ヤグローが求めたものを簡単な図にしたものです。

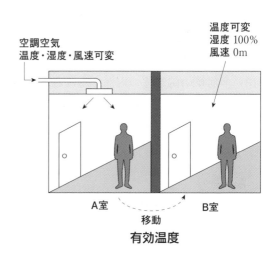

空調空気
温度・湿度・風速可変

温度可変
湿度100％
風速0m

A室　　B室

移動

有効温度

②修正有効温度（CET）

乾球温度，湿球温度および気流速度のほかに放射熱の影響を加味したもので，より実感に近い温度です。4つの要素を1つの温度で表したものです。

③新有効温度（ET*）

湿度50％を基準とし，温度，湿度，気流速度，放射熱，着衣量，作業強度の6つの要素で総合的に評価するものです。

④湿球黒球温度（WBGT）

暑さ指数のことで，熱中症の指標となります。湿球温度，黒球温度，乾球温度の3つをもとに算出させる指数で，この3つのうち，暑さ指数（WBGT）への影響が最も大きいのは，湿球温度です。暑さ指数（WBGT）の単位は，℃です。

⑤等価温度（EW）

乾球温度，気流速度および周囲の壁からの放射温度に関係するもので，実用上はグローブ温度計により求めます。※人体による温度も考慮します。

3 温冷感と指標

暑い寒いという温冷感に影響を与えるのが，温熱要素（温度，湿度，風速，着衣量など）です。温冷感の指標として次のものがあります。

①予想平均申告（PMV）

大多数の人が感ずる温冷感を−3から＋3までの数

補足

乾湿計
通風装置を付けたものをアスマン通風乾湿計と呼びます。

乾球，湿球
29ページ参照。
乾球温度と湿球温度から，湿度がわかります。

放射熱
壁などから放出される熱です。

ET，CET，ET*
ET : Effective
　　　 Temperature
CET : Corrected
　　　 ET
ET* : New ET（湿度50％のほか，着衣は薄着，椅子に座った状態，気流は弱めという条件下での温度です）
有効温度→修正有効温度→新有効温度と発展。

PMV
Predicted Mean Voteの略。人体の熱的中立に近い状態の温冷感を予測する指標です。−0.5から＋0.5がISO（国際標準化機構）の推奨値です。「予測平均温冷感申告」とする日本語訳もあります。

値で示します。マイナスは寒さの程度，プラスは暑さの程度を意味します。

−3	−2	−1	0	+1	+2	+3
寒い	涼しい	やや涼しい	暑くも寒くもない	やや暖かい	暖かい	暑い

②予想不満足者率（PPD）

　在室者のうち温冷感（暑い，寒い）の不満を感じる者の割合です。予想平均申告（PMV）＝0のときは，暑くも寒くもない，ちょうどよい温冷感で，予想不満足者率は減少します。

4 代謝

　人は体を動かすとエネルギーを消費します。これを代謝といい，その消費エネルギー量を代謝量といいます。重要な語句は次のとおりです。

①基礎代謝量

　一定の条件のもとにおける，生命保持のために必要な最低限の代謝量です。具体的には，空腹で仰臥安静時（仰向けに寝てじっとしているとき）の代謝量です。何もしていなくても心臓などは動いているので，エネルギーを消費します。体の大きさに関係するので，人によって数値が異なります。

②エネルギー代謝率

　エネルギー代謝率は次の式で求められます。

$$\text{エネルギー代謝率} = \frac{\text{作業時代謝量} - \text{椅座安静時の代謝量}}{\text{基礎代謝量}}$$

③met

　人体の単位体表面積当たりの代謝量を示す単位で，1metは椅座安静時

における代謝量です。

metは次の式で求められます。

$$met = \frac{ある作業における代謝量}{椅座安静時の代謝量}$$

$1met \fallingdotseq 58.2W/m^2$

④clo

衣服の断熱性を示す単位で、一定条件のもとで1metの代謝と平衡する着衣状態が1cloです。厚着のときほど大きい値となります。

$1clo \fallingdotseq 0.155m^2 \cdot ℃/W$

補足

椅座安静時の代謝量
椅子に座ってじっとしているときの代謝量です。基礎代謝量より20％程度大きい数値になります。

clo
クロまたはクローと読みます。室温21℃、湿度50％、気流0.1m/秒の状況下で安静にしているとき、快適に感じる着衣の量が約1cloです。

過去問にチャレンジ！

問1　　　　　　　　　　　難　**中**　易

温熱環境に関する記述のうち、適当でないものはどれか。

(1) 有効温度（ET）は、ヤグローが提唱したもので、乾球温度、湿球温度および気流速度に関係する。

(2) 作用温度（OT）は、乾球温度、気流速度および周囲の壁からの放射温度に関係するもので、実用上は周壁面の平均温度と室内温度との平均値で示される。

(3) 等価温度（EW）は、乾球温度、気流速度および周囲の壁からの放射温度に関係するもので、実用上はグローブ温度計により求められる。

(4) 予想平均申告（PMV）は、大多数の人が感ずる温冷感を－5から＋5までの数値で示すものである。

解説

予想平均申告（PMV）は、大多数の人が感ずる温冷感を－3から＋3までの数値で示します。

解答　(4)

2 流体

まとめ & 丸暗記　　この節の学習内容とまとめ

- □ 流体：形を変えやすい性質をもつ流動的な物体。気体と液体
  　　気体：圧縮性流体　　　液体：非圧縮性流体

- □ 粘性：運動している流体には流体相互または固体壁との境界で摩
  　　擦力が作用
  　　この性質を粘性（粘性係数が０の流体は完全流体）とよぶ

- □ ニュートン流体：粘性による摩擦応力が速度勾配に比例

- □ 動粘性係数

$$\nu = \frac{\mu}{\rho}$$
　ν：動粘性係数，μ：粘性係数，ρ：流体密度

- □ レイノルズ数

$$Re = \frac{dv}{\nu}$$
　Re：レイノルズ数，d：管径，v：平均流速，ν：動粘性係数

（$Re < 2{,}000 \rightarrow$ 層流，　$Re > 4{,}000 \rightarrow$ 乱流）

- □ ジューコフスキーの公式

$$P = av\rho$$
　P：上昇圧力，a：圧力波の伝搬速度，v：当初の流速，ρ：水の密度

- □ ダルシー・ワイスバッハの式

$$\Delta P = \frac{\lambda \ell \rho v^2}{2d}$$
　ΔP：圧力損失，λ：管摩擦係数，ℓ：管長，ρ：流体の密度，
　v：流速，d：管径

- □ ベルヌーイの定理
  完全流体で，エネルギー保存の法則が成
  り立つ

$$\rho gh + P + \frac{\rho v^2}{2} = 一定$$

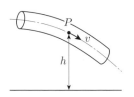

- □ 全圧　静圧＋動圧

流体の性質

1 流体とは

　形を変えやすい性質をもつ，流動的な物体のことで，気体と液体をいいます。圧縮したとき体積を変えやすいのは気体です。液体はほとんど変わりません。

- 気体：圧縮性流体（空気）
- 液体：非圧縮性流体（水）

　また，流体の運動のうち，流れの状態が場所だけによって定まり，時間が経過しても速度，圧力等に変化のない流れを定常流といいます。

　たとえばA点とB点では場所が違うので，当然，流体の速度や圧力は異なります。しかし，時間が経ってもそれらが前と同じであれば定常流であるといえます。

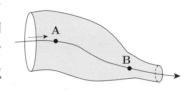

2 粘性

　運動している流体には，流体相互や固体壁との境界で摩擦力が作用します。この性質を粘性といいます。

　粘性係数が0の流体，つまり粘性のない流体を完全流体といい，圧力しか存在しない理想的な流体です。

　実際は，流体には粘性があり，粘性による摩擦応力が速度勾配に比例する流体をニュートン流体といいます。

　たとえば，2枚の広い板を流体を挟むように上下平行に置き，下は固定，上は3m/sの速度で移動します。

補足

流体
密閉容器内に静止している流体の一部に加えた圧力は，流体のすべての部分にそのまま伝わります。また，流体の中に円柱などを置くと，下流側にカルマン渦が発生します。

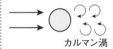
カルマン渦

圧縮性流体
管工事では，ダクト内を流れる空気が該当します。

非圧縮性流体
管工事では，管内を流れる水が該当します。

摩擦応力
摩擦力が流体内部に及ぶ力のことです。一般に避面近くで顕著に現れます。

1秒後, 上の板は3m先に進みますが, 最底部は動きません。このような粘性をもった流体がニュートン流体で, 一般に水や空気は, ニュートン流体として扱います。

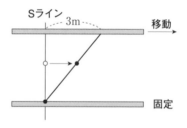

粘性の大きさを粘性係数で表しますが, 水の場合, その値は温度の上昇とともに減少します。空気はその逆で, 温度の上昇とともに増加します。

粘性係数のほかに, **動粘性係数**があり, 次のような関係です。

$$\nu = \frac{\mu}{\rho}$$

ν: 動粘性係数〔m^2/s〕　μ: 粘性係数〔$Pa \cdot s$〕　ρ: 流体密度〔kg/m^3〕

過去問にチャレンジ！

問1　　　　　　　　　難　中　**易**

流体に関する記述のうち, 適当でないものはどれか。

(1) 一般に, 空気は圧縮性流体として, 水は非圧縮性流体として扱われることが多い。

(2) 完全流体とは, 粘性がなく, その中では圧力のみが存在するような流体をいう。

(3) 定常流とは, 流れの状態が時間と場所によって定まるような流れをいう。

(4) ニュートン流体とは, 粘性による摩擦応力が境界面と垂直方向の速度勾配に比例する流体をいう。

解説

定常流は, 時間が経過しても流体の速度や圧力が変わらない流れです。

解答 (3)

式と定理

1 レイノルズ数

流体に作用する慣性力と粘性力の比を表したものです。次の式で求めることができます。

$$Re = \frac{dv}{\nu}$$

Re：レイノルズ数　　ν：動粘性係数〔m^2/s〕
d：管径〔m〕　　　　v：平均流速〔m/s〕

また，レイノルズ数には次の関係があります。

$$Re = \frac{慣性力}{粘性力}$$

2 層流と乱流

水道の蛇口を絞って細い水流としたとき，向こう側が見通せます。水の粒子が整然と層を成して流れているので層流といいます。逆に蛇口を全開すると乱れます。これが乱流です。

この層流から乱流になるときの境界値を臨界レイノルズ数といいますが，どちらともいえないグレーゾーンがあり，$Re<2{,}000$ が層流，$Re>4{,}000$ が乱流と考えてよいでしょう。

補足

2 流体

粘性係数
100℃の湯の場合，0℃の水の約 $\frac{1}{6}$ です。

$\nu = \dfrac{\mu}{\rho}$
$\mu = \rho\nu$ 式で覚えてもよいでしょう。なお，ν：ニュー，μ：ミュー，ρ：ローと読み，いずれもギリシャ文字です。

密度
単位体積当たりの質量を表したもの。一般に単位は kg/m^3 です。水の密度を1として，それより重いか軽いかを表現したものが比重です。

レイノルズ数
単位のつかない無次元数です。

管径
管の内径（直径）のこと。

臨界レイノルズ数
資料などにより数値は異なります。

3 ジューコフスキーの公式

水が管路を流れている場合，弁を急閉したときに上昇する圧力を P〔Pa〕，圧力波の伝搬速度を a〔m/s〕，水の流速（当初）を v〔m/s〕，水の密度を ρ〔kg/m³〕とすると，次の式が成り立ちます。

$$P = av\rho$$

この式をジューコフスキーの公式といい，ウォータハンマ現象のことを説明しています。管路を流れる水を弁により急閉止すると，圧力波が発生して上流側の弁や配管に振動，騒音を発生させる現象です。

4 ダルシー・ワイスバッハの式ほか

流体が直管路を流れるとき，粘性のために**摩擦損失**があります。これを圧力損失と考え，圧力の損失分 ΔP は次の式（ダルシー・ワイスバッハの式）で表されます。

$$\Delta P = \frac{\lambda \ell \rho v^2}{2d}$$

λ：管摩擦係数，ℓ：管長〔m〕，
ρ：流体の密度〔kg/m³〕，v：流速〔m/s〕，
d：管径（直径）〔m〕

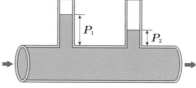

圧力損失 $\Delta P = P_1 - P_2$

> **例 題** 管長，流速を3倍にすると圧力損失は何倍になるか。

> **解 説** λ と ρ については何も書いてないので，無視します。
>
> $\Delta P = \dfrac{k\ell v^2}{d}$ （kは比例定数）より，

d はそのまま，$\ell \to 3\ell$，$v \to 3v$ です。

$$\Delta P' = \frac{3\ell(3v)^2}{d} = \frac{27k\ell v^2}{d} = 27\Delta P$$

解答 27倍

そのほかに，次の公式などがあります。

● **ハーゲン・ポワズイユの式**

流体がなめらかな円管を層流の状態で流れるとき，管摩擦係数：λ は，レイノルズ数に反比例します。

$$\lambda = \frac{64}{Re}$$

※これは，ダルシー・ワイスバッハの式と $Re = \dfrac{dv}{\nu}$ から，円管内を層流で流れる条件で求めたものです。

● **カルマン・ニクラゼの式**

乱流域で管摩擦係数を求めるものです。

● **ムーディ線図**

管摩擦係数を求める図です。

5 ベルヌーイの定理

完全流体は，次のエネルギー保存の法則が成り立ちます。

ρ：流体の密度〔kg/m³〕，g：重力加速度9.8〔m/s²〕，h：位置（高さ）〔m〕，P：圧力〔Pa〕，v：流体の速度〔m/s〕の場合，

$$\rho gh + P + \frac{\rho v^2}{2} = 一定 \qquad \cdots\cdots①$$

補足

ウォータハンマ現象
水撃作用ともいい，金づちで配管を叩くような音を水が出します。塩ビ管より鋼管で発生しやすい現象です。

ダルシー・ワイスバッハの式
功績のあったダルシーとワイスバッハの2人の名を冠しています。「2台（2d）分のラム（λ）得る（ℓ）老美人（ρv^2）」と覚えるとよいでしょう。

管摩擦係数：λ
ギリシャ文字でラムダと読みます。レイノルズ数や管の内面粗さに関係した定数です。

エネルギー保存の法則
完全流体のエネルギーは「位置エネルギー」「圧力エネルギー」「運動エネルギー」からなります。これらの総和は変わりません。

2 流体

となり，これをρgで割ると，

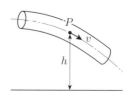

$$h + \frac{P}{\rho g} + \frac{v^2}{2g} = \text{一定} \quad \cdots\cdots ②$$

となります。これをベルヌーイの定理といい，流体のもつエネルギーの総和が，流線に沿って一定不変であることを示しています。

　※ρgで割ると，②の3つの要素がすべて〔m〕という単位で表せます。

　下部に小さな穴が開いている水槽に，ベルヌーイの定理を応用します。

$$\rho g h + P + \frac{\rho v^2}{2} = \text{一定} \quad \cdots\cdots ①$$

A点のエネルギーρghとB点のエネルギー$\dfrac{\rho v^2}{2}$は

等しいので，$\rho gh = \dfrac{\rho v^2}{2}$が成り立ちます。

　これより，$v = \sqrt{2gh}$ となります。これをトリチェリの定理といいます。

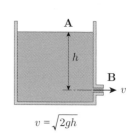

$$v = \sqrt{2gh}$$

6 静圧と動圧

　静圧は管やダクトの内壁を垂直に押す圧力で，動圧は流体の速度による圧力といえます。両方あわせて全圧になります。

全圧 = 静圧 + 動圧

　断面が円形で，途中で太さが変わるチューブ状の管路を考えます。

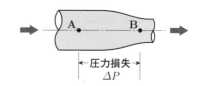

圧力損失
ΔP

A点の（動圧 + 静圧）= B点の（動圧 + 静圧）+ 圧力損失

$$動圧 = \frac{\rho v^2}{2} \quad です。$$

補足

ベルヌーイの定理
①はエネルギー〔J〕,
②は水頭〔m〕で表した式です。

$$v = \sqrt{2gh}$$

$\sqrt{}$ がつくと $\frac{1}{2}$ 乗という意味です。たとえば,$y = a\sqrt{x}$ において y は x の $\frac{1}{2}$ 乗に比例します。

7 流体の測定

大口径部と小口径部の静圧の差から流量を算出するベンチュリ計や,全圧と静圧から流速を算出するピトー管があります。

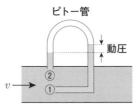

①:全圧測定
②:静圧測定

過去問にチャレンジ！

問1　　　　　　　　　難　**中**　易

図のように水平に置かれた円形ダクトにおいて,A点とB点の間の圧力損失 ΔP として,適当なものはどれか。

ただし,A点の全圧は128Pa,B点の静圧および風速はそれぞれ53Pa,10m/s,空気の密度は1.2kg/m³とする。

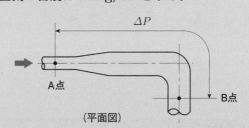

(1) 8Pa

(2) 15Pa

(3) 33Pa

(4) 45Pa

(平面図)

解説

A点が曲がっていても同じです。

A点の全圧 = 128Pa

$$B点の全圧 = 静圧 + 動圧 = 静圧 + \frac{\rho v^2}{2} = 53 + 1.2 \times \frac{10^2}{2} = 113Pa$$

したがって,$\Delta P = 128 - 113 = 15Pa$

解答 (2)

3 熱

まとめ & 丸暗記　　この節の学習内容とまとめ

- ☐ 断熱膨張：外部からの熱の出入りのない状態で気体を膨張
  断熱圧縮：断熱状態で気体を圧縮

- ☐ 熱容量：物質の温度を1℃上昇させる熱量
  比熱：1kgの物質の温度を1℃上昇させる熱量

- ☐ 比熱比　$\dfrac{定圧比熱(c_p)}{定容比熱(c_v)}$　　気体では常に1より大きい

- ☐ 熱の伝わり方：伝導，対流，放射

- ☐ ステファン・ボルツマンの法則
  $E = kT^4$　　E：放射のエネルギー，k：定数，T：表面温度

- ☐ 絶対湿度：乾き空気1kgにa〔kg〕の水蒸気が含まれているとき，絶対湿度はa〔kg/kg（DA）〕

  湿り空気　＝　乾き空気　＋　水蒸気　　0.015kg　これが絶対湿度
  （湿り空気　＝　1kg　＋　水蒸気）

- ☐ 熱水分比　$\dfrac{比エンタルピーの変化量}{絶対湿度の変化量}$

- ☐ 全熱　顕熱＋潜熱

- ☐ 顕熱比（SHF）　$\dfrac{顕熱}{全熱}$

- ☐ 高発熱量：燃焼によって生じる蒸気の潜熱分を含んだ熱量

- ☐ 低発熱量：蒸気の潜熱分を除いた熱量

- ☐ ヒートポンプの成績係数：冷凍機の成績係数＋1

熱と伝熱

1 熱力学

断熱とは外部からの熱を断つことです。断熱膨張とは外部からの熱の出入りのない状態で気体を膨張させることで，断熱圧縮とは断熱状態で気体を圧縮することです。気体は，断熱膨張させると温度が下がり，断熱圧縮させると温度が上がります。

熱力学については，次の2法則があります。

①熱力学の第1法則

エネルギーの総和は一定です。よって，エネルギー保存の法則が成り立ちます。

②熱力学の第2法則

熱エネルギーを仕事のエネルギーに100％変換することはできません。この解釈は，「熱は，低温度の物体から高温度の物体へ，自然に移ることはない」という，クロジュースの原理として知られています。

熱に関する似た用語には次のようなものがあります。

エンタルピー	物質のもっている総エネルギー。単位は〔J〕
比エンタルピー	単位質量当たりのエンタルピー。単位は〔J/kg〕
エントロピー	熱量を絶対温度で除した値。単位は〔J/K〕
比エントロピー	単位質量当たりのエントロピー。単位は〔J/kg・K〕

補足

エンタルピー
物質の内部エネルギーに，外部への体積膨張仕事量を加えたもので表されます。

比エンタルピー
エンタルピーを質量で割ったものです。つまり，1kg当たりのエンタルピーです。

2 熱容量と比熱

　熱容量とは，物質の温度を1℃上昇させる熱量です。比熱とは，物質1kg当たりの温度を1℃上昇させる熱量です。熱量Qは次の式で表されます。

$$Q = mc\Delta t$$

Q〔J〕：熱量，m〔kg〕：質量，c〔J/kg・K〕：比熱，Δt〔K〕：温度上昇

　さらに，比熱には定圧比熱と定容比熱があります。液体の定圧比熱と定容比熱は，ほとんど同じ値ですが，気体の定圧比熱と定容比熱は，異なる値です。

　気体の場合，定圧比熱とは圧力を一定にして外部から熱を加えます。したがって自由に膨張させます。熱が気体の温度を上昇させるだけでなく，外部に対して仕事をすることにも使われるため，温度上昇に役立つ熱は，外部から加えたものの一部です。

　一方，定容比熱は容積一定の条件での比熱です。外部に対して仕事をしないので，熱がすべて気体の温度上昇に使われます。

　このことから，気体の温度を1℃上昇させる熱量は，定圧比熱のほうが大きいことがわかります。

　定圧比熱（c_p）と定容比熱（c_v）の比を比熱比といい，気体では常に1より大きい値になります。

$$比熱比 = \frac{定圧比熱（c_p）}{定容比熱（c_v）} > 1$$

3 熱的現象

固体，液体，気体を物質の三態といいます。基本的に物質はいずれかの状態にあり，熱の出入りなどで液体から気体，液体から固体というように相変化します。

単一の物質では，融解点と凝固点，沸点と凝縮点の温度はそれぞれ同じです。

管のように細長いものに熱が加わると軸方向に伸びます。これを線膨張といい，その伸び率を線膨張係数といいます。軸方向だけでなく，等方性を有する物質では立体的に伸びますが，その伸び率を体膨張係数といい，線膨張係数の約3倍になります。

純金属の温度を上げると，電気抵抗は大きくなります。半導体などでは小さくなるものもあります。

異なる2種類の金属線を接合した回路において，2つの接合点に温度差を与えると，熱起電力が生じます。これをゼーベック効果といいます。

2種類の金属を接合した回路に電圧を加えると，一方の接点の温度が下がり，他方が上がります。これをペルチェ効果といいます。

3
熱

補足

熱量
熱を量的に表したもので，1gの水の温度を1℃上昇させるのに必要な熱量は1〔cal〕です。

比熱
比熱容量ともいいます。

熱量の単位
国際単位の〔J〕，〔kJ〕が用いられます。日本では，かねてから使用されていた〔kcal〕の使用も認められています。
1〔J〕≒0.24〔cal〕
1〔cal〕≒4.2〔J〕

仕事
P(圧力)×V(体積)を仕事といいます。〔N/m²〕×〔m³〕=〔Nm〕です。1〔J〕=1〔Nm〕なので，仕事はエネルギーです。

膨張係数
物質の温度が1℃上昇したときに物質が膨張する割合です。

熱起電力
熱により発生する電圧のことです。

4 伝熱

　ある物質間，またはある物質から他の物質に熱が伝わることです。伝熱には次の3つがあります。

①伝導（熱伝導）

　物体の高温部から低温部に熱が伝わる現象です。たとえば，金属棒の片方を加熱すると，もう片方に熱が伝わります。熱が固体の中を伝わります。

②対流

　気体や液体が循環しながら熱を運んで全体が暖められる現象です。たとえば，ストーブで暖められた空気が上昇し，かわりに冷たい空気が降下して，またストーブで暖められ，均一化します。

③放射

　高温の物体のもつ熱が光（熱線）になって，離れた所にある別の物体にまで伝わる現象です。たとえば，太陽の熱が地球に届いて日焼けを起こします。

　放射のエネルギー E は，物体の表面温度 T の4乗に比例します。

$$E = kT^4 \qquad k：定数$$

　これをステファン・ボルツマンの法則といいます。

　熱放射は，物体が電磁波の形で熱エネルギーを放出・吸収する現象です。熱の移動に媒体を必要とせず，真空中でも伝わります。

　以上3つの方法により複合的に熱の移動が行われます。

　固体中で温度差により熱が伝わってゆく場合，熱の伝わりやすさを熱伝

導率（λ）といいます。大きい数値ほど熱が伝わりやすく，建築材料では銅やアルミニウムは大きく，ロックウールやグラスウールは小さい値です。

　壁体に断熱材があると温度勾配は急になりますが，ないと内外の温度差がわずかになり，温度勾配が緩やかになります。

　固体内部における熱伝導による伝熱量は，その固体内の温度勾配に比例します。

放射
輻射ともいいます。

熱伝導率（λ）
材料の厚さがdのとき，$\dfrac{d}{\lambda}$を熱伝導抵抗といいます。また，空気と壁などの固体間での熱の伝わりやすさは，熱伝達率で表します。

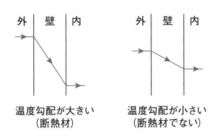

温度勾配が大きい　　　　温度勾配が小さい
（断熱材）　　　　　　　（断熱材でない）

過去問にチャレンジ！

問1　　　　　　　　　　　　　　難　中　**易**

熱に関する記述のうち，適当でないものはどれか。

(1) 気体の定容比熱と定圧比熱は，ほぼ同じ値である。
(2) 気体を断熱膨張させた場合，温度は低下する。
(3) 白金は，温度が高くなると電気抵抗が大きくなるので，温度計として利用される。
(4) 2種類の金属を接合した回路に電圧をかけると，一方の接点の温度が下がり，他方が上がるが，これをペルチェ効果という。

解説

気体では，定圧比熱が定容比熱より大きくなります。

解答　(1)

湿り空気

1 飽和湿り空気

空気は，次の3つに分類されます。

- **乾き空気**：空気から水蒸気分をすべて除いたもの。
- **湿り空気**：水蒸気を含む通常の空気。湿り空気＝乾き空気＋水蒸気
- **飽和湿り空気**：水蒸気を最大限含んだ空気。

空気が水蒸気を含む度合いを表すものが湿度ですが，その表し方には次の2つがあります。

①相対湿度

相対湿度は，次の式で求めることができます。

$$相対湿度（\%）= \frac{空気中の水蒸気分圧}{飽和湿り空気の水蒸気分圧}$$

②絶対湿度

乾き空気1kgにa〔kg〕の水蒸気が含まれているとき，絶対湿度a〔kg/kg（DA）〕であると表現します。

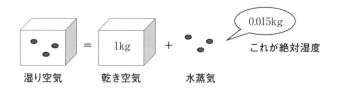

2 湿り空気線図

次の図は湿り空気線図です。ある空気の温度（乾球，湿球），湿度（絶対，相対），などの状態を示しています。

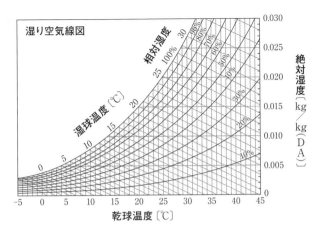

● 乾球温度〔℃〕：横軸
● 湿球温度〔℃〕：斜線（左上がり）
● 絶対湿度〔kg/kg（DA）〕：縦軸
● 相対湿度〔%〕：曲線

※比エンタルピー〔kJ/kg〕などは省略

①空気の状態がわかる

湿り空気線図からA点は，乾球温度33〔℃〕，湿球温度27〔℃〕，絶対湿度0.02〔kg/kg(DA)〕，相対湿度60〔%〕の空気です。

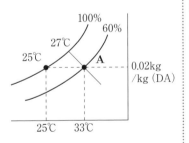

②露点温度がわかる

湿り空気線図から33〔℃〕で0.02〔kg/kg（DA）〕の空気の温度を下げてゆくと，相対湿度100〔%〕の曲線にぶつかります。その温度が露点温度25℃で，真下の乾球温度も同じです。

補足

分圧
ある密閉容器に複数の気体が混じっているとき，それぞれの気体がもつ圧力のこと。

DA
Dry Air（乾燥空気）のことです。単に湿度という場合は，相対湿度を指します。

湿り空気線図
単に空気線図ともいいます。

乾球，湿球
乾球は寒温計の球の部分が露出したもので，空気の温度を測定します。湿球は球にガーゼが巻いてあり，水壺に浸してあります。水が蒸発すると熱を奪うため温度が低くなり，その値を測定します。

熱水分比は，次の式で表されます。

$$\text{熱水分比} = \frac{\text{比エンタルピーの変化量}}{\text{絶対湿度の変化量}}$$

3 顕熱と潜熱

顕熱は物質の相変化を伴わずに，温度の上昇や下降に使われる熱です。

潜熱とは温度変化はなく，相変化のみに使われる熱のことです。たとえば100℃の湯（液体）を100℃の蒸気（気体）に変える熱です。

$$\text{顕熱} + \text{潜熱} = \text{全熱}$$
$$\text{顕熱比（SHF）} = \frac{\text{顕熱}}{\text{全熱}}$$

過去問にチャレンジ！

問1　　　　　　　　　　　　　　　　　難　中　**易**

湿り空気に関する記述のうち，適当でないものはどれか。

(1) 乾球温度が一定の場合，相対湿度が上昇すると絶対湿度も上昇する。
(2) 顕熱比とは，顕熱の変化量と潜熱の変化量との比をいう。
(3) 熱水分比とは，比エンタルピーの変化量と絶対湿度の変化量との比をいう。
(4) 飽和湿り空気では，アスマン通風乾湿計の乾球温度と湿球温度は等しい。

解説

顕熱比とは，顕熱の変化量と全熱の変化量との比です。

解答 (2)

燃焼・冷凍

1 空気量

　燃料を完全燃焼させるために理論的に必要な最小空気量を，理論空気量といいます。実際にはこれより多い空気（過剰空気）が必要で，次の式で求めます。

$$空気過剰率 = \frac{供給された空気量}{理論空気量}$$

　たとえば20％余計に空気を供給した場合，空気過剰率は1.2となります。
　一般に，固体燃料や液体燃料より気体燃料のほうが理論空気量に近い空気量で完全燃焼します。気体燃料は空気と混ざりやすいので過剰空気は少なくなります。一般的に，燃焼に空気を多く必要とする順は，固体燃料＞液体燃料＞気体燃料です。

2 燃焼ガス

　可燃物を完全燃焼させたとき生じる燃焼ガスが，燃焼当初の温度にまで冷却する間に，外部に出す熱量を発熱量といいます。
　燃料の発熱量を表す場合，次の2つがあります。

①高発熱量

　燃焼によって生じる蒸気の潜熱分を含んだ熱量です。

3
熱

②低発熱量

蒸気の潜熱分を除いた熱量です。

理論燃焼ガス量（理論廃ガス量）とは，理論空気量で燃料を完全燃焼させたときに発生する燃焼ガス量をいいます。

燃焼においては空気中の**酸素濃度**も重要です。酸素濃度が19％程度以下になると**不完全燃焼**が始まります。このとき，燃焼ガスには一般に，二酸化炭素，水蒸気，窒素のほか一酸化炭素などが含まれています。

なお，燃焼ガス中の**窒素酸化物**の量は，低温燃焼時よりも高温燃焼時のほうが大きくなります。

3 冷凍サイクル

冷凍機で低温部から高温部に熱を運び，冷凍または冷水を作るサイクルシステムのことです。

圧縮式冷凍機の冷凍サイクルにおいて，冷媒が気化と液化の状態を繰り返し，「蒸発」の過程で周囲の熱を奪います。つまりここで冷凍が行われます。

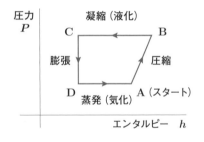

4 成績係数

冷凍機の**成績係数**（COP：Coefficient of Performance）とは，入力したエネルギーの何倍の出力が可能であるかを示した数値です。一般に数倍の値となります。すでにある熱を使ってそれを電気で運ぶだけなので，入力した電気の消費エネルギーより出力の熱エネルギーが大きくなるわけです。

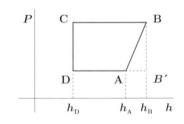

冷凍機とヒートポンプの成績係数は，図から次のように表されます。

● **冷凍機の成績係数（COP₁）**

$$COP_1 = \frac{h_A - h_D}{h_B - h_A} = \frac{AD}{AB'}$$

● **ヒートポンプの成績係数（COP₂）**

$$COP_2 = \frac{h_B - h_D}{h_B - h_A} = \frac{BC}{AB'} = \frac{AD + AB'}{AB'} = \frac{AD}{AB'} + 1$$

$$= COP_1 + 1$$

ヒートポンプの成績係数は冷凍機より1大きいことがわかります。

補足

冷凍サイクル
凝縮温度が高い場合や蒸発温度が低い場合は冷凍効果が小さくなり，成績係数は小さくなってしまいます。

3 熱

冷媒
熱を運ぶ流体をいいます。蒸発潜熱が大きいことが条件です。蒸発するときたくさんの熱を周囲から奪います。

過去問にチャレンジ！

問1　　　　　　　　　　　　　　　　　　　難　中　**易**

燃焼に関する記述のうち，適当でないものはどれか。

(1) 一般に，気体燃料より液体燃料のほうが理論空気量に近い空気量で完全燃焼する。

(2) 高発熱量とは，燃焼によって生じる蒸気の潜熱分を含んだ熱量である。

(3) 燃焼ガス中の窒素酸化物の量は，低温燃焼時より高温燃焼時のほうが多い。

(4) 空気過剰率が大きすぎると，排ガスによる熱損失が増大する。

解　説

気体燃料のほうが空気とよく混ざるので，理論空気量に近い空気量で完全燃焼します。

解　答　(1)

4 音・腐食

まとめ & 丸暗記　この節の学習内容とまとめ

- □ 可聴周波数：人の耳で聴くことができる音の周波数
  （およそ20〜20,000〔Hz〕）

- □ 音の速さ：空気中では約340m/s

- □ 残響時間：音が拡散していく空間において，音源を停止した後，
  音圧レベルが60dB減衰するまでの時間

- □ 遮音：壁などで遮断し，反対側に音が透過しないようにすること

- □ 吸音：壁などが音を吸い取ること

① 反射
② 吸収
③ 透過

A室　　B室

- □ 遮音材：一般に透過損失が大きいほど遮音効果が高い

- □ NC曲線：周波数別に音圧レベル許容値を示したもの

- □ マクロセル腐食：埋設されている金属管の外面の腐食が，電気化学的な作用により起こる（異種金属接触腐食）

- □ ミクロセル腐食：微生物の作用により起こる（土壌腐食）

- □ 電気侵食（電食）：漏えい電流による腐食

- □ イオン化傾向：溶液中の金属が陽イオンとなる性質を，強い順に並べたもの

K, Ca, Na, Mg, Al, Zn, Fe, Ni, Sn, Pb, H, Cu, Hg, Ag, Pt, Au

大　　　　　　　イオン化傾向　　　　　　　小

＊イオン化傾向が大きい金属ほど腐食しやすい

音

1 音の性質

①可聴周波数

音は波であり，人の耳で聴くことができる音の周波数はおよそ20～20,000〔Hz〕です。20Hzは非常に低い音，20,000Hzは非常に高い音です。

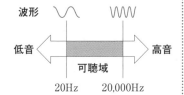

波形

低音 ← 可聴域 → 高音

20Hz 20,000Hz

②音速

音の速さは，一定の気圧のもとでは，空気の温度が高いほど速くなります。15℃の空気中での速さは，約340m/sです。

2 音に関する用語

①音の強さ

音の進行方向に垂直な平面内の単位面積を，単位時間に通過する音のエネルギー量のことです。単位は〔W/m²〕で表示されます。

②音圧レベル

人の耳に聞こえる最小の音圧と比較したものです。

③dB (デシベル)

音の強さのレベルや音圧レベルなどの単位です。

補足

周波数
Hzは周波数の単位で，1秒間に波が何回振動するかを表します。

可聴周波数
特に4,000Hz付近の音がよく聞こえます。

音の強さ
人の耳に聞こえる最小の音の強さは $I_0 = 1 \times 10^{-12}$ で，$10 \log \frac{I}{I_0}$〔dB〕を音の強さのレベルといいます。

音圧
音のもつ圧力で，単位は〔Pa〕です。人の耳に聞こえる最小の音圧を P_0 とすると，$P_0 = 2 \times 10^{-5}$ Pa です。ある音圧Pをこの P_0 と比較し，対数で表した $20 \log \frac{P}{P_0}$〔dB〕が音圧レベルです。
なお，音圧の等しい点音源を2つ並べると，3dB大きくなります。また，1つの音源からの距離を2倍にすると，6db低下します。

④残響時間

　音が拡散していく空間において，音源を停止した後，音圧レベルが60dB減衰するまでの時間をいいます。

⑤マスキング

　同時に存在する他の音のために，聞こうとする音が聞きにくい現象をいいます。マスキング効果は，互いの周波数が近いほど大きくなります。

3 遮音（材）と吸音（材）

①遮音

　壁などで遮断し，反対側に音が透過しないようにすることです。

　遮音性能のよい遮音材は，一般に透過損失が大きいのです。

　一重壁の透過損失は，壁の単位面積当たりの質量が大きくなるほど大きく

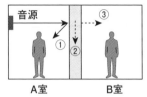

①反射
②吸収
③透過

A室の人…①が少ない壁がよい
B室の人…③が少ない壁がよい

なります。コンクリートのような重い壁は遮音性に優れています。

②吸音

　壁などが音を吸い取ることです。反対側に音を透過させてもよいし，壁体内で吸収してもよいですが，反射は極力少なくします。吸音材としては，軽くて多孔質の組成が粗いものが適します。

　一般に，ロックウールやグラスウールは，低音域よりも高音域の音をよく吸収します。

4 騒音

　騒音は純音と違い，いろいろな周波数が混じり合っています。騒音を分析して，周波数別に音圧レベル許容値を示したものがNC曲線です。

このグラフから，NC曲線の音圧レベル許容値は，周波数が高いほど小さいことがわかります。

色線で示した騒音は，NC50と評価します。

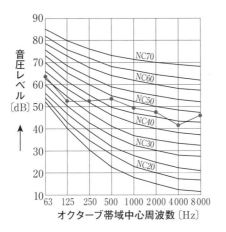

補足

残響時間
60dBはエネルギー
で $\frac{1}{10^6}$, つまり
$\frac{1}{1,000,000}$ に減衰
するまでの時間です。
一般には1秒程度です
が，講堂は短く，音楽
ホールは長めに設計さ
れています。

NC曲線
Noise Criteria
Curve：騒音基準曲線。

4
音・腐食

過去問にチャレンジ！

問1　　　　　　　　　　　　　　難　中　易

音に関する記述のうち，適当でないものはどれか。

(1) 音の速さは，大気中では空気の温度が高いほど速くなる。

(2) ロックウールやグラスウールは，一般に，高音域よりも低音域の音をよく吸収する。

(3) 一重壁の透過損失は，壁の単位面積当たりの質量が大きくなるほど大きい。

(4) NC曲線の音圧レベル許容値は，周波数が低いほど大きい。

解 説

ロックウールやグラスウールのような吸音材は高音域をよく吸収しますが，低音域は吸収力が落ちます。

解 答 (2)

金属の腐食

1 腐食の種類

①かい食

比較的速い流れの箇所で局部的に起こる現象で，銅管の曲がり部で生じる場合があります。

②選択腐食

合金成分中のある種の成分のみが溶解する現象であり，黄銅製バルブ弁棒で生じる場合があります。

③異種金属接触腐食

貴金属と卑金属を組み合わせた場合に生じる電極電位差により，卑な金属が局部的に腐食する現象です。

④マクロセル腐食

アノード（陽極）とカソード（陰極）が分離して生じる電位差により，陽極部分が腐食する現象です。

2 イオン化傾向

溶液中の金属が陽イオンとなる性質を，大きい順に並べたものです。

K, Ca, Na, Mg, Al, Zn, Fe, Ni, Sn, Pb, H, Cu, Hg, Ag, Pt, Au

| 大 | ◀ イオン化傾向 | 小 |

K：カリウム，Ca：カルシウム，Na：ナトリウム，Mg：マグネシウム，Al：アルミニウム，Zn：亜鉛，Fe：鉄，Ni：ニッケル，Sn：すず，Pb：鉛，H：水素，Cu：銅，Hg：水銀，Ag：銀，Pt：白金，Au：金

たとえば鉄と銅を接触させるとイオン化傾向の大きい鉄がマイナス極（銅がプラス極）となり，銅から鉄に電流が流れ，そこで腐食します。

イオン化傾向が大きい金属は腐食しやすいのです。

補足

金属
イオン化傾向の大きい金属を卑金属，小さい金属を貴金属といいます。

陽イオンとなる性質
金属が水の中で電子（－）を放出して陽イオン（＋）になる性質です。

4
音・腐食

3 腐食する環境

①鋼管が鉄筋コンクリートの壁などを貫通

コンクリート中の鉄筋に電気的に接続され，電位差を生じてマクロセル腐食により鋼管が腐食します。

②配管システムが開放系

鋼管の腐食速度は，水温上昇に伴い大きくなり，約80℃になると，水温上昇に伴い小さくなります。

過去問にチャレンジ！

問1　　　　　　　　　　　難　中　易

金属材料の腐食に関する記述のうち，適当でないものはどれか。

(1) 亜鉛は，鉄よりもイオン化傾向が小さいので，腐食しにくい。
(2) SUS304製受水タンクは，気相と液相の境界で腐食を生じやすい。
(3) 異種金属を水中で接触させた場合，陽極となる金属が腐食する。
(4) コンクリート中の鉄は，土に埋設された鉄より腐食しにくい。

解説

亜鉛は，鉄よりもイオン化傾向が大きいので，腐食しやすくなります。

解答 (1)

5 電気

まとめ & 丸暗記　この節の学習内容とまとめ

☐ 全電圧始動（直入始動）の始動電流：定格電流の5〜8倍

☐ スターデルタ始動：全電圧始動法に比べ始動電流を$\dfrac{1}{3}$に低減

　　一般に中容量の電動機に使用

☐ 同期速度：$N = \dfrac{120f}{p}$　　N：同期速度〔min^{-1}〕，f：交流の周波数〔Hz〕，p：固定子の極数

☐ 2本を入れ替えで，電動機の
　回転方向が逆

☐ インバータ式電動機
　・負荷に応じた最適速度
　・電源設備容量が小さい
　・高調波発生，除去対策が必要

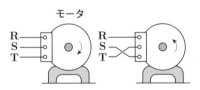

☐ 電線管内に接続点は不可

☐ 同一回路の電線は同一の管内に収納

☐ PF管：可とう性のある合成樹脂管で自己消火性あり
　　　　　コンクリート埋め込みや露出配管，天井内の転がし配線
　　　　　も可

☐ CD管：可とう性あるが，自己消火性なし
　　　　　コンクリート埋め込みに限定

☐

接地工事	抵抗値	施設箇所
C種	10Ω以下	300V超える
D種	100Ω以下	300V以下

電動機

1 始動方法

　建物などで多用される電動機（モータ）が，三相か
ご形誘導電動機です。

　三相交流電源により回転しますが，その電源の供給
方法は次の2つが重要です。

①全電圧始動（直入始動）

　電動機に直接全電圧をかけて始動する方法です。始
動電流（始動するとき流れる電流）は，定格電流の5
～8倍程度になり，異常電圧降下の原因になります。

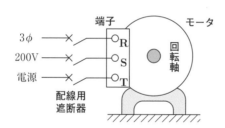

②スターデルタ始動

　切替スイッチを用い，電動機の固定子巻線をスター
結線にして始動させ，回転子の回転が加速されたら，
固定子巻線をデルタ結線に切り替えます。

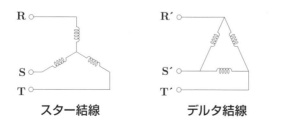

スター結線　　　　　　デルタ結線

補足

三相かご形誘導電動機
三相とは三相交流電源
のことです。一般家庭
で使用する電源は単相
交流なので，これより
パワーがあります。か
ご形とは，構造がリス
のかごに似ているから
で，誘導とは，同期速
度（固定子巻線がつく
る速度）より少し遅れ
て回転することです。

全電圧始動
直入始動，全電圧直入
始動ともいわれます。

固定子巻線
電動機は回転子（軸の
回転する部分）とその
外側の固定子に分けら
れます。この固定子に
巻いた電線のことで
す。

スター結線
固定子巻線を星（ス
ター）の形に結線した
もの。

デルタ結線
固定子巻線を三角（デ
ルタ）の形に結線した
もの。

この方法は全電圧始動法に比べ，電動機の始動電流とトルクを $\frac{1}{3}$ に低減することができます。制御盤から電動機までの配線は6本必要です。

一般に，中容量の電動機に使用されます。

2 電動機の回転

誘導電動機には，固定子と回転子にそれぞれ巻線があり，固定子巻線に交流電流を流すと回転磁界が発生します。その1分当たりの回転速度 N〔min^{-1}〕は，f：交流の周波数〔Hz〕，p：固定子の極数（N極，S極がペアで2，4，6，……の偶数値）とすると，次の式で表すことができます。

$$N = \frac{120f}{p}$$

この回転速度 N を同期速度といいます。

電磁誘導作用により回転子が回転し，この回転子の回転速度はNより少し遅くなります。つまり，誘導電動機の回転速度は，同期速度よりほんの少し遅い，ということです。

次に，電動機の回転方向について，三相電源の3本の電線のうちどれか2本を入れ替えると，電動機の回転方向が逆になります。電源配線のうち2本を入れ替えると，回転磁界の方向が逆になるためです。

3 インバータ制御

直流を交流に変換する装置のことです。商用周波数より高い周波数にする装置で，周波数を連続的に変えることができます。

インバータ制御の電動機の長所，短所は次のとおりです。

◆長所

● 負荷に応じた最適の速度が選択できる。

- 始動電流を小さくできるので，電源設備容量が小さくてよい。
- 三相かご形誘導電動機を用いて，電圧と周波数を変化させ，他の電動機の特性をつくり出せる。

◆短所

- 高調波が発生するため，フィルタなどによる高調波除去対策が必要。なお，高調波とは，商用周波数（50Hz，60Hz）の整数倍の周波数の交流をいう。
- 進相コンデンサなどが焼損することがある。
- 電圧波形にひずみを含むため，電動機の温度が高くなる。

補足

$$N=\frac{120f}{p}$$

pは電動機の構造的な数値で，fは周波数です。同じ電動機を東京と大阪で運転すると，大阪のほうがより回転します。

インバータ
商用周波数である50Hz，60Hzをいったん直流にし，高い周波数の交流に変換するものも広義のインバータです。

5
電気

過去問にチャレンジ！

問1　　　　　　　　　　　　難　中　易

電動機のインバータ制御に関する記述のうち，適当でないものはどれか。

(1) インバータによる運転は，電圧波形にひずみを含むため，インバータを用いない運転よりも電動機の温度が高くなる。

(2) 高調波が発生するため，フィルター等による高調波除去対策が必要である。

(3) 三相かご形誘導電動機を使用することができる。

(4) 直入始動方式よりも始動電流が大きいため，電源設備容量を大きくする必要がある。

解説

直入始動方式よりも始動電流を小さくできるので，電源設備容量は小さくて済みます。

解答　(4)

電気工事

1 金属管工事

金属管とは一般に鋼製電線管をいいます。留意点は次のとおりです。

- 金属管内に収める電線を，IV電線（600Vビニル絶縁電線）としてよい。(※合成樹脂管も同様)
- 電線管内に接続点を設けてはならない。(※合成樹脂管も同様)
- 同一回路の電線は同一の管内に収めて電磁的平衡を保つ。
- 金属管相互および金属管とボックスの間には，ボンディングを施す。

2 合成樹脂管工事

合成樹脂管は，重量物の圧力や著しい機械的衝撃を受けないように施設します。配線については金属管工事と同様で，種類は次の3つです。

①PF管 (Plastic Flexible Conduit)

可とう性（くねくね曲がる性質）のある合成樹脂管です。自己消火性（燃えにくい性質）があります。コンクリート埋め込みや露出配管，天井内の転がし配線もできます。

②CD管 (Combine Duct Conduit)

PF管と同じく可とう性があります。自己消火性がないので，建物内のコンクリート埋め込みに限定されます。露出や隠蔽配管はできません。管の色はオレンジ色にしてPF管と判別できるようにしています。

③VE管 (合成樹脂製電線管)

硬質の塩化ビニル樹脂でできた電線管です。腐食しにくいので，すべての場所に施設可能です。

3 接地工事

電気回路から漏れた電流を大地（アース）に流す工事です。

接地工事の種類は，接地対象機器の種類や電圧により，Ａ種接地工事からＤ種接地工事までの４種類あります。交流電圧600V以下の低圧工事ではＣ種とＤ種接地工事が対象となります。

- Ｃ種接地工事の接地抵抗値は原則として10〔Ω〕以下で，使用電圧が300Vを超える箇所に施します。
- Ｄ種接地工事の接地抵抗値は原則として100〔Ω〕以下で，使用電圧が300V以下の箇所に施します。

補足

IV電線
屋内配線で使用されるもっともポピュラーな電線です。Indoor-Vinyl電線の略。

ボンディング
金属管とボックスを電線（接地線）で接続し，電気的にも確実な導通をとることです。

自己消火性
バーナーの火であぶったとき，自ら消火する性質。

5
電気

過去問にチャレンジ！

問1　　　　　　　　　　　　　　　　難　中　易

低圧屋内配線工事に関する記述のうち，適当でないものはどれか。

(1) 金属管工事で，同一回路の電線は，同一の管内に収めて電磁的平衡を保った。

(2) CD管を天井内に直接転がして施設した。

(3) 金属管相互および金属管とボックスの間には，ボンディングを施し，電気的に接続する。

(4) CD管はオレンジ色であるため，PF管（合成樹脂製可とう管）と判別できる。

解説

CD管はコンクリートの中に埋める配管しか認められていません。

解答 (2)

6 建築

まとめ & 丸暗記　　この節の学習内容とまとめ

- □ 軸方向力：材料の軸方向（長手方向）にかかる力
  　　　　　圧縮力　引張力
- □ せん断力：大きさが等しく，反対方向に働く力
- □ モーメント（M〔$\mathrm{N\cdot m}$〕）　$M = F(力) \times \ell(長さ)$
- □ 支点の種類

種類	記号
移動端（ローラー）	△
回転端（ピン）	△
固定端（フィクス）	⅃

- □ 梁の種類

種類	基本形
単純梁	△ ——— △
片持ち梁	⅃———
固定梁	⅃——— ⅃

- □ 梁貫通

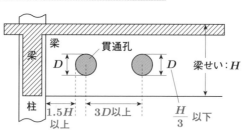

- □ 梁貫通孔の中心間隔：梁貫通孔の径の平均値の３倍以上
- □ 水セメント比：$\dfrac{水の重さ}{セメントの重さ} \times 100$〔％〕
- □ かぶり厚さ：コンクリートの表面から鉄筋表面までの長さ

力学

1 力学の基礎

①軸方向力

材料の軸方向（長手方向）にかかる力です。圧縮力と引張力があります。

②せん断力

材料の内部で，ずれる方向に働く力をいいます。

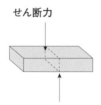

③曲げモーメント

モーメントとは回転しようとする力のことです。次の式で求めることができます。

$$M = F\ell$$

M〔N·m〕：モーメント，F〔N〕：力の大きさ，ℓ〔m〕：力の働く点（力点）から作用する点（作用点）までの長さ

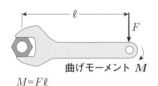

$M = F\ell$

補足

せん断力
材料内部の任意の面を境にして，その両側が逆方向にずれるように働く力のことで，剪断力と書きます。

モーメント
力と直角方向の距離を掛け算します。

④支点の種類

支点とは，構造体を地盤などで支えている点のことです。支点には次の3種類があります。

● 移動端（ローラー）

左右への移動と回転ができる支点です。

● 回転端（ピン）

移動はできませんが回転することはできます。

● 固定端（フィクス）

コンクリートなどで固められて，移動や回転はできません。

⑤梁の種類

梁とは，曲げ作用に対抗する水平材です。梁には次の3種類があります。

● 単純梁

一方が回転端で，他方が移動端の梁です。

● 片持ち梁

　一方が固定端で，他方が自由端の梁です。片方のみで持っているのでこのように呼ばれます。

● 固定梁

　両端が固定された梁で，両端は移動も回転もできません。

2　曲げモーメント図

　荷重と曲げモーメント図です。梁に加わる荷重には，集中荷重と等分布荷重があります。

● 単純梁

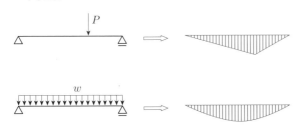

● 片持ち梁

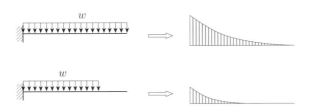

● 固定梁

6

建築

3 梁貫通の制限

鉄筋コンクリートの梁に孔を開けて配管するとき，前もってスリーブを入れておき，生コンクリートを打設します。

貫通孔はせん断強度を低下させるので，次の制限があります。

- 貫通孔の位置は梁せいの**中心付近**とし，貫通孔の下から梁の下端（C）は，梁せいの$\dfrac{1}{3}$以上とします。

- 円形の梁貫通孔の径の大きさ（D）は，梁せいの$\dfrac{1}{3}$以下とします。

- 梁貫通孔が並列する場合の中心間隔は，梁貫通孔の径の平均値の3倍以上とします。

- 梁貫通孔の端面は，柱の面から梁せいの1.5倍以上離します。

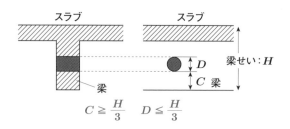

$$C \geqq \frac{H}{3} \qquad D \leqq \frac{H}{3}$$

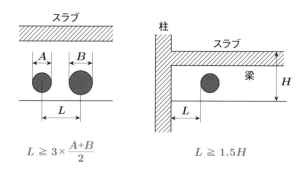

$$L \geqq 3 \times \frac{A+B}{2} \qquad\qquad L \geqq 1.5H$$

4 開口部の補強

　鉄筋コンクリート造において大きな孔を開ける場合，孔の周囲を補強します。

　なお，梁貫通孔の径が梁せいの $\dfrac{1}{10}$ 以下で，かつ，150mm未満の場合は，補強筋は不要です。

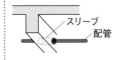
6
建築

過去問にチャレンジ！

問1　　　　　　　　　　難　中　易

　図に示す鉄筋コンクリート梁における梁貫通孔に関する記述のうち，適当でないものはどれか。ただし，梁せいは，1,000mmとする。

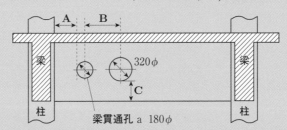

梁貫通孔 a　180φ
320φ

(1) Aは，1,000mm以上必要である。
(2) Bは，750mm以上必要である。
(3) Cは，$\dfrac{1000}{3}$ mm以上必要である。
(4) 梁貫通孔aには，補強が必要である。

解説

柱からの離れは梁せいの1.5倍以上なので，1,500mm必要です。

解答　(1)

コンクリート工事

1 コンクリートの組成

コンクリートは次のものからできています。

セメント ＋ 砂 ＋ 水 ＝ モルタル　　セメント ＋ 砂 ＋ 砂利 ＋ 水 ＝ コンクリート

①セメント

　建設現場で一般に使用されるのは普通ポルトランドセメントです。セメントは粘土と石灰を混ぜた灰白色の粉末状のものです。

②骨材

　細骨材（砂）と粗骨材（砂利）があります。

③モルタル

　セメントペースト（セメント＋水）に細骨材（砂）を混ぜたものです。

④コンクリート

　モルタルに粗骨材（砂利）を混ぜたものです。

2 セメントの用語

①水セメント比

セメントペースト中のセメントに対する水の質量百分率をいいます。

$$水セメント比＝\frac{水の重さ}{セメントの重さ}×100〔\%〕$$

　水セメント比が大きくなると，コンクリートの強度は低下します。

②単位セメント量

　$1m^3$のコンクリートを作るのに必要なセメントの重量（kg）をいいます。少ないほうが水も少なくでき，水和熱や乾燥収縮によるひび割れの発生が少なくなります。ただし，単位セメント量が過少になると，ワーカビリティが悪くなります。

3　鉄筋コンクリート造

　コンクリートを鉄筋で補強したものを，鉄筋コンクリート（RC）といいます。特徴は次のとおりです。

①互いの弱点をカバー

　コンクリートは圧縮に対しては強いが，引張りに対して弱く（圧縮力の$\dfrac{1}{10}$程度），鉄筋はその逆です。互いの弱点をカバーしています。

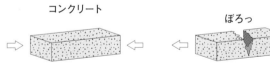

コンクリート

ぼろっ

圧縮に強い　　　　　　　　　引張りに弱い

②線膨張係数が同じ

　どちらも線膨張係数がほぼ等しく，温度変化が生じても同じ伸縮となり，亀裂が生じにくくなります。

補足

骨材
人工的に作られた人工骨材もあります。

水セメント比
水：セメントです。一般に60〜65％くらいです。

水和熱
水と接触することで化学的に結合する際に生じる熱のことです。

ワーカビリティ
作業性，流動性のこと。

鉄筋
圧縮に弱く座屈（圧縮するとねじれ，たわむ現象）しやすいが，引張りには強い性質があります。

RC
Reinforced Concrete：補強されたコンクリートの意味です。

6
建築

③錆を防ぐ

　コンクリートは強いアルカリ性のため，鉄筋が錆るのを防ぎます。しかし，コンクリート表面に接する空気中の二酸化炭素の作用により，コンクリートが中性化すると鉄筋を防錆する能力はなくなります。

4 用語

①スランプ値

　スランプコーンという鉄製の容器（深さ30cm，上面と底面は開いている）に，生コンクリートを入れ，スランプコーンをゆっくり上に引き上げます。生コンクリートは軟らかいので山形に崩れていきます。その頂上から落ちた数値（単位はcm）がスランプ値です。

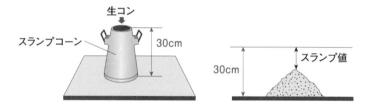

　スランプ値が大きいほど軟らかいコンクリートで，ワーカビリティが向上します。ただし，スランプ値を大きくすると，付着強度が低下し，乾燥・収縮によるひび割れが増加します。

②ブリーディング

　コンクリートの打ち込み後に，材料の沈降や分離により，練混ぜ水の一部が遊離して表面まで上昇する現象です。スランプ値が大きくなると，ブリーディング量が大きくなります。

③コールドジョイント

　先に打設したコンクリートと，後から打ち込まれたコンクリートが一体化されずにできた打継ぎ目のことです。打設間隔が長いと発生し，構造上の欠陥となります。

5 鉄筋

①鉄筋の種類

● 丸鋼

　表面がつるりとした鉄筋です。

● 異形鉄筋

　丸鋼の表面にリブや節などの突起を付けた鉄筋で，コンクリートとの付着強度が高く，定着性がよいので多く用いられます。

②鉄筋の名称

● 主筋

　軸方向力や曲げモーメントに耐える主要な鉄筋です。

● 帯筋（フープ）

　柱の主筋を水平方向に巻いた鉄筋で，せん断力に耐え，柱を補強します。

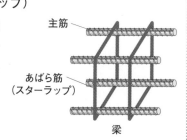

主筋

帯筋（フープ）

柱

● あばら筋（スターラップ）

　梁の主筋と垂直方向に巻いた鉄筋で，せん断力に耐え，梁を補強します。

主筋

あばら筋（スターラップ）

梁

③かぶり厚さ

　コンクリートの表面から，鉄筋表面までの長さです。

　柱や梁の鉄筋のかぶり厚さは，帯筋およびあばら筋などコンクリート表面にもっとも近い鉄筋の表面から，コンクリート表面までの最短距離をいいます。

補足

生コンクリート
生コン，フレッシュコンクリートともいいます。

付着強度
鉄筋がコンクリートに密着する強さです。

丸鋼

異形鉄筋

かぶり厚さ
一定の厚さがあれば火災時に，鉄筋の強度低下を抑える効果があります。捨てコンクリートは，かぶり厚さに算入できません。

バイブレータ
コンクリートをまんべんなく型枠内に流し込むための棒形振動機です。かつては竹やりを用いていました。

6
建築

6 打設と養生

　コンクリートの打設は，コンクリートの骨材が分離しないように，できる限り低い位置から打ち込みます。1箇所に多量に打ち込んで，バイブレータなどにより横に流してはいけません。

　コンクリートを打設した後の養生については，表面を湿潤状態に保つ必要があります。これを湿潤養生といいます。

過去問にチャレンジ！

問1　　　　　　　　　　　　　　　　難　中　**易**

　コンクリートの用語に関する記述のうち，適当でないものはどれか。

(1) 水セメント比とは，セメントペースト中のセメントに対する水の質量百分率をいい，この数値が小さくなるとコンクリートの強度は大きくなる。

(2) スランプ値とは，スランプコーンを引き上げた直後のコンクリート頂部の下がりをcmで表した数値をいい，この数値が小さくなるとワーカビリティが向上する。

(3) ブリーディングとは，コンクリートの打ち込み後に，材料の沈降や分離により，練混ぜ水の一部が遊離して表面まで上昇する現象をいう。

(4) コールドジョイントとは，先に打ち込まれたコンクリートが固まり，後から打ち込まれたコンクリートと十分に一体化されずにできた打継ぎ目をいう。

解説

スランプ値が小さいとワーカビリティ（作業性）は落ちます。

解答 (2)

第一次検定

第2章

空気調和設備

1 空調計画

まとめ & 丸暗記　この節の学習内容とまとめ

- ☐ 建物の長辺を南北面にすると省エネルギー

- ☐ ダブルコア方式：年間熱負荷が少なくなる

- ☐ 空気調和機（**AHU**）：空気ろ過装置，冷温水コイル，加湿装置，送風機などを1つの箱体内に収容

- ☐ **空調設備の構成**　熱源設備，空調機設備，搬送設備，自動制御設備

- ☐ 定風量単一ダクト方式：空調機から1本のダクトで冷風または温風を送風する方式。吹出し風量は一定

- ☐ 変風量単一ダクト方式：吹出しの温度は一定で，風量が変えられる方式。ダクトの吹出し口などに風量調節ユニット（**VAV**ユニット）を設置

- ☐ 二重ダクト方式：空調機から2本のダクトで1本は冷風，もう1本は温風を各室に送り，混合ボックスで調節

- ☐ マルチゾーンユニット方式：空調機で冷風・温風を混合して，ゾーンごとに専用ダクトで送風

- ☐ ダクト併用ファンコイルユニット方式：ファンコイルユニット方式とダクト方式を併用

  ダクトはインテリアゾーン，ファンコイルはペリメータゾーン

- ☐ パッケージユニット方式：熱源装置を内蔵したパッケージユニットにより空調。家庭用ルームエアコンなど

省エネルギー計画

1 建物の形状と配置

　省エネルギーの観点からは，建物の平面形状は正方形に近いこと，つまり，短辺に対する長辺の比率が小さいほうが好ましいとされます。

　また，建物の各面が1日に受ける**直達日射量**は図のとおりです（北緯35°）。

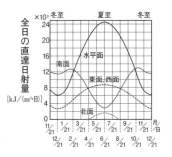

　建物配置を図のようにした場合，建物Aでは夏暑く，冬寒いことになります。

　したがって，建物Bのように**長辺が南北面**になるよう配置すれば，熱負荷を少なくできます。

2 ゾーニング

　建物配置の次はゾーニングをします。同じ形状の建

直達日射量
地表に直接達する日射量の合計です。建物の水平面，東西南北の5つの面の1日当たりの直達日射量は次の順になります。

●夏至
①水平面／②東面と西面（同じ）／③南面／④北面
●冬至
①南面／②水平面／③東面と西面／④北面

ゾーニング
建物内のどの部分に何を配置するかという割り振りのこと。

コア
階段，エレベータ，水回りのことです。コアの配置により，ダブルコア，センターコアなどがあります。

センターコア　ダブルコア

物の場合，非空調部分を外周部に配置するダブルコア方式は，センターコア方式に比べ年間熱負荷が少ないことがわかっています。空調しない室を建物の外周部に配置すると日射の出入りが少ないからです。

個別の建物のプランとして，次のことが考えられます。

● 建物の屋上，外壁を緑化する。

　　→植物が日射を遮る。

● 建物の出入口に風除室を設ける。

　　→空調空気の漏えい，外気の侵入が抑えられる。

● 外壁面積に対する窓面積の比率を小さくする。（特に東西面の窓）

　　→日射の出入りが少なくなる。

● 二重ガラス窓のブラインドは，二重ガラスの間に設置する。

　　→日射の遮へい効果が高くなる。

● 窓に日射遮へいガラスを用いる。

● 断熱，気密に優れた材料を使用する。

過去問にチャレンジ！

問1　　　　　　　　　　　　　　　　難　中　易

建築計画に関する記述のうち，省エネルギーの観点から，適当でないものはどれか。

(1) 二重ガラス窓のブラインドは，二重ガラスの間に設置する。
(2) 建物平面が長方形の場合，長辺が南北面となるように配置する。
(3) 外壁面積に対する窓面積の比率を小さくする。
(4) 建物の平面形状は，短辺に対する長辺の比率をなるべく大きくする。

解 説

細長い形状の建物は省エネルギーの観点からは不利です。

解 答　(4)

空気調和の方式

1 空調設備の概要

　空調（空気調和）とは，空気の温度，湿度，気流，気圧，清浄度を調節することです。

　空調を行う本体部分が空気調和機（空調機）で，空気ろ過装置，冷温水コイル，加湿装置，送風機（ファン）などを1つの箱体内に収容しています。

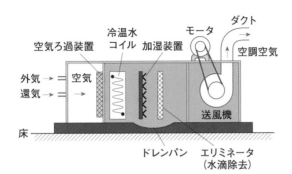

　空調設備は次の機器で構成されます。

● 熱源設備

　冷凍機，ボイラなど，冷熱，温熱を発生させる設備です。

● 空調機設備

　空調機本体です。

● 搬送設備

　送風機，ダクト，ポンプなど，熱を運ぶ設備です。

● 自動制御設備

　温度センサーのサーモスタット，湿度センサーのヒューミディスタットなどを用いて，自動でコントロールする設備です。

補足

緑化
壁はつる性の植物を這わせます。屋上は土を入れて植物を植えます。

風除室
1箇所に2つの玄関を設けた空間をいいます。外気に面した玄関を開けたときでも，内部玄関があるため，外気の出入りが少なくなります。

ブラインド
1枚窓では，窓ブラインドは屋外側に設けるほうが効果的です。

空気調和機
エアハンドリングユニット（AHU：Air Handling Unit）ともいいます。

冷温水
冷温水＝冷水＋温水です。冷水と温水をまとめて表現した言葉で，冷たい温水ではありません。冷温風も同様に，「冷風」と「温風」を1つにまとめたものです。

なお，空調設備を設置する場所により，次の3つの方式があります。

● **中央式**

　熱源設備，空調機設備を中央の機械室に設置します。

● **分散式**

　熱源設備を中央機械室に設置し，空調機設備を各階，ゾーンごとに分散して設置します。

● **個別方式**

　小型パッケージ化した空調機設備を個別に設置します。

2　空調方式

①定風量単一ダクト方式（CAV方式）

　空調機から1本のダクトで冷風または温風を送風する方式です。空調機で温度を設定し送風します。各室での**吹出し風量は一定**です。各室ごとの温湿度調整も個別運転もできません。

　コストが安く保守管理は容易ですが，各室間で**負荷変動のパターンが異なる**と，各室間で温湿度のアンバランスが生じやすくなります。

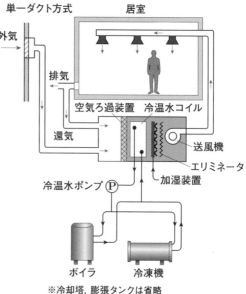

※冷却塔，膨張タンクは省略

　各室間の温度差を小さくするため，熱負荷特性のほぼ等しい室をまとめてゾーニングします。

②変風量単一ダクト方式（VAV方式）

　吹出しの温度は一定で，風量を変える方式です。ダクトの吹出し口など

に風量調節ユニット（VAVユニット）を設け，各室，ゾーンごとの温度制御が可能です。CAV方式に比べ搬送動力を節減できます。

VAV方式は，間仕切りの変更や負荷の変動に対応しやすいが，低負荷時においては吹出し風量が少なくなるため温度ムラを生じやすく，外気量を確保する対策が必要になります。

③二重ダクト方式

空調機から伸びる2本のダクトのうち1本は冷風，もう1本は温風を各室に送り，混合ボックスで温度を調節して吹き出します。

暖房している隣の室で冷房することも可能ですが，設置費，ランニングコストとも高くなります。

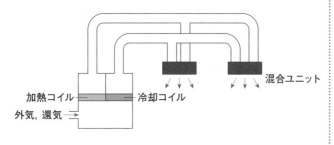

加熱コイル　冷却コイル　混合ユニット
外気, 還気

④マルチゾーンユニット方式

空調機で冷風・温風を混合して，ゾーンごとに専用ダクトで送風する方式です。ゾーンごとの制御が可能で，ビルのフロア貸しなどに対応できます。

⑤ダクト併用ファンコイルユニット方式

ファンコイルユニット方式とダクト方式を併用したものです。

補足

冷温水コイル
冷却コイル（冷却器）と加熱コイル（加熱器）に分かれていることもあります。

エリミネータ
気流と一緒に流れる水滴を除去する装置です。

ダクト
空調した空気を運ぶ流路，風道のことです。

定風量単一ダクト方式
CAV（Constant Air Volume System）といいます。

変風量単一ダクト方式
VAV（Variable Air Volume System）といいます。

還気
居室から排気された空気の一部を，還気として混ぜ合わせます。これにより省エネが図られます。

1
空調計画

ファンコイルユニット方式とは，熱源で作った冷水（夏），温水（冬）を各室に送水し，冷暖房するものです。

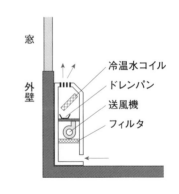

太陽光の日射負荷を除去するために，窓ぎわなどのペリメータゾーンに設置される場合が多く見られます。基本的に外気導入ができないので，ダクト方式との併用が主になります。

全空気方式と比較して，次の特徴があります。
● ダクトの占有スペースを小さくできる。
● 一般に水方式のほうが電力消費量は少ないので，搬送動力が小さい。
● ダクトが小さいので，外気冷房には適さない。

⑥パッケージユニット方式

熱源装置を内蔵したパッケージユニットにより空調します。

家庭用のルームエアコンなどが該当します。通常は1台の屋内ユニットに対し1台の屋外ユニットですが，数台の屋内ユニットを1台の屋外機でシステム構成した，マルチタイプがあります。

⑦エアフローウィンド

二重ガラス窓の空間に，空調した空気を通して日射や外気温度による室内への熱の影響を小さくする方式です。

⑧床吹出し空調

二重床に空調空気を送り，床面から吹き出して天井から吸い込むものです。床面のどこからでも吹出し可能なので，OA機器の配置換えなどへの対応が容易です。

居住域では，温度はほぼ均一ですが，冷房運転時における空調域の垂直方向の温度差が生じやすくなります。足元から吹き出すので，天井吹出し式より温度を高めにします。

居住域は床面から約1.8mまで。空調域は床面から天井までの空調を行っている領域をいいます。

3 自動制御

空調を制御する方式は次のとおりです。

- 電気式

    信号の伝達および操作動力源に電気を用います。

- 電子式

    電子回路で操作部を動作させます。

- デジタル式

    マイクロプロセッサーを用いて制御します。

- 空気式

    信号の伝達，操作動力源に圧縮空気を用います。

補足

ファンコイルユニット
ファンと冷温水コイルがユニット（一体）となっている機器です。空気ではなく水を使います。

ペリメータゾーン
日射の影響を受ける建物の外周部のこと。

全空気方式
ダクトを用いて空気を送る方式です。CAV，VAV，二重ダクト方式などが該当します。

過去問にチャレンジ！

問1   難 **中** 易

空気調和方式に関する記述のうち，適当でないものはどれか。

(1) ダクト併用ファンコイルユニット方式は，全空気方式に比べ，外気冷房の効果を得にくい。

(2) 床吹出し方式は，OA機器の配置換え等への対応が容易である。

(3) ダクト併用ファンコイルユニット方式は，全空気方式に比べ，一般に，搬送動力が小さい。

(4) 変風量単一ダクト方式は，個別またはゾーンごとに空気の清浄度の調整が容易である。

解 説

変風量単一ダクト方式は，VAVユニットで風量調節できますが，空調機から送り出される空気の温湿度，清浄度は同じです。

解 答 (4)

2 空調の熱源

まとめ & 丸暗記　　この節の学習内容とまとめ

□ 蓄熱方式
　水蓄熱式：冷熱源として水を蓄熱
　氷蓄熱式：冷熱源として冷水を氷にして蓄熱

□ 氷蓄熱の方式
　スタティック式：できた氷が冷却コイルに固着
　ダイナミック式：氷が溶液や水の中に含まれた状態で存在

□ 氷充塡率（IPF）：蓄熱槽で氷の占める体積比率

□ 氷蓄熱式を水蓄熱式と比較

　・蓄熱槽容積が小さい $\left(\dfrac{1}{5}\ 程度 \right)$

　・冷凍機成績係数（COP）は低い

□ コージェネレーション：熱併給発電

□ 地域冷暖房：熱源プラントで，複数の建物に熱源供給

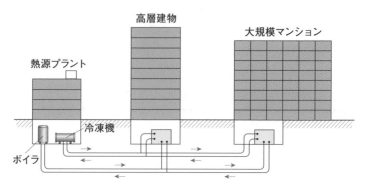

□ ヒートポンプ：四方弁の切り替えにより，冷房，暖房を行う

蓄熱槽

1 蓄熱方式

　蓄熱とは，熱（温熱と冷熱）を一時的に蓄えることをいい，その熱を貯蔵する装置が蓄熱槽です。負荷の少ない時間帯に電気エネルギーを使って熱をつくり，蓄えておきます。空調運転が必要なときにこの熱を取り出せば，熱源機器の能力以上の運転管理ができます。

　蓄熱方式には次の2つがあります。

①水蓄熱式

　冷熱源として水を蓄熱します。火災時には消火用水としての利用も可能です。

②氷蓄熱式

　冷熱源として冷水を氷にして蓄熱します。主に氷の融解潜熱と水の顕熱を利用します。蓄熱槽の利用可能熱量は，水（または氷）の温度差に比例し，氷蓄熱では融解（氷が水になる）に伴う潜熱があるので，非常に大きくなります。そのため，氷の融解潜熱が利用できる氷蓄熱は，水蓄熱に比べて蓄熱槽を小さくできます。

　氷蓄熱式には，できた氷が冷却コイルに固着して動かないスタティック式と，氷が溶液や水の中に含まれた状態で存在し，搬送が可能なダイナミック式があります。

補足

熱源機器
ボイラーや冷凍機など，温熱，冷熱をつくりだす機器のこと。

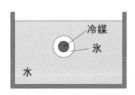

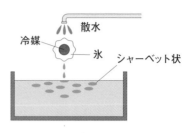

スタティック式氷蓄熱
原理図

ダイナミック式氷蓄熱
原理図

氷充塡率（IPF）は，ダイナミック式のほうがスタティック式より大きくなります。また，氷充蓄熱槽の中で，氷の占める体積が大きければ，蓄熱槽を小さくできます。氷充塡率は，次の式で表されます。

$$氷充塡率（IPF）= \frac{氷の占める体積}{蓄熱槽の体積}$$

2 氷蓄熱の特徴

氷蓄熱は，水蓄熱と比べて次の特徴があります。

- 冷水温度が低いので，熱搬送エネルギーの低減，除湿効果が期待できる。
- 蓄熱槽容積が小さく $\left(\frac{1}{5}\text{程度}\right)$ でき，蓄熱槽表面積も減少するので，槽からの熱損失は減少する。
- 冷凍機成績係数（COP）は低くなる

◆冷凍機成績係数（COP）

冷凍機成績係数（COP）は，

Q_1：蒸発器で冷媒が吸収する熱量

Q_2：凝縮器で冷媒が放出する熱量

W：圧縮機の入力エネルギー

とすると，

$$Q_2 = Q_1 + W$$

$$COP = \frac{Q_2}{W} = \frac{Q_2}{Q_2 - Q_1} = \frac{T_2}{T_2 - T_1}$$

となります。

ここで，T_1：冷媒の蒸発温度，T_2：冷媒の凝縮温度
氷蓄熱では冷水温度が低く，T_1は低くなります。したがって，氷蓄熱のCOPは水蓄熱より低くなります。

補足

IPF
Ice Packing Factor

成績係数（COP）
第1章「3 熱」を参照。

2
空調の熱源

過去問にチャレンジ！

問1　　　　　　　　　　　難　**中**　易

氷蓄熱に関する記述のうち，適当でないものはどれか。

(1) 水蓄熱に比べて冷水温度が低いので，搬送エネルギーの低減が期待できる。

(2) 氷の融解潜熱を利用するため，水蓄熱に比べて蓄熱槽の設置スペースを少なくできる。

(3) 水蓄熱に比べて冷媒の蒸発温度が低いため，冷凍機成績係数（COP）が高くなる。

(4) 冷水温度が低いので，ファンコイルユニットの吹出口などで結露のおそれがある。

解　説

氷蓄熱は水蓄熱に比べて，冷凍機成績係数（COP）は低くなります。

解　答　(3)

コージェネレーションなど

1 コージェネレーション

　自家発電設備で発電した際の排気熱を利用する**熱併給発電**のことです。電気と熱（温水）を大量に消費する病院やホテルなどに有効です。

　コージェネレーションシステムを計画する際，排熱を高温から低温に向けて順次多段階に活用できるようにします。

2 地域冷暖房

　蒸気・温水あるいは冷水などの熱媒を，熱源プラントから，配管を通じて地域内の複数の建物に供給することを，**地域冷暖房**といいます。

　大規模開発地域に見られる熱源供給方式です。地域冷暖房の採算は，一般に，地域の**熱需要密度** $[\mathrm{MW/km^2}]$ が大きいことが必要です。

3 ヒートポンプ

　冷凍機のうち，蒸発器で低温熱源の熱を吸収し，凝縮器で高温にして放出するものをいいます。

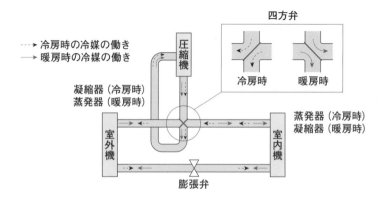

ヒートポンプの採熱源は，容易に得られること，量が豊富で時間的変化が少ないこと，平均温度が高く温度変化が少ないことが必要です。

　ヒートポンプの場合，JISで定める空気温湿度条件では，暖房（加熱）時のCOPは，冷房（冷却）時より大きくなります。したがってCOPは，加熱能力を投入したエネルギーで除したものです。

　外気温度と室内温度の差が小さいほど，COPは大きくなります。

補足

熱需要密度
その地域が必要とする熱（電力）を，面積で除したもの。

ヒートポンプ
「熱を汲む」が語源です。

2
空調の熱源

過去問にチャレンジ！

問1　　　　　　　難　中　易

　コージェネレーションシステムに関する記述のうち，適当でないものはどれか。

(1) 受電並列運転（系統連系）は，コージェネレーションシステムによる電力を商用電力と接続して，一体的に供給する方式である。
(2) 燃料電池は，内燃機関を用いた発電方式に比べ，発電効率は低いが，騒音や振動が少なく，NOxの発生量も少ない。
(3) コージェネレーションシステムの計画においては，排熱を高温から低温に向けて順次多段階に活用するカスケード利用を行うよう配慮する。
(4) コージェネレーションシステムにおいて「電気事業法」上の「小出力発電設備」に該当するものは，電気主任技術者の選任が不要となる。

解説

　燃料電池は，内燃機関を用いた発電方式に比べ，発電効率が高く，騒音や振動の発生やNOxの発生も少なくなります。

解答 (2)

3 空調負荷と計算

まとめ & 丸暗記　　この節の学習内容とまとめ

- ☐ 冷房負荷：冷房するとき負荷となるもの（日射，すき間風など）
- ☐ 暖房負荷：暖房するとき負荷となるもの（すき間風など）
- ☐ TAC温度：空調機の設計用として用いられる外気温度
- ☐ 相当外気温度：日射の影響を温度に換算し，外気温度に加えたもの
- ☐ 空気の状態

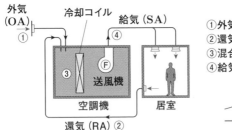

冷房時の空調システム図

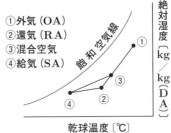

湿り空気線図（冷房時）

- ☐ 空気の混合
  ①：外気（OA）の状態　②：還気（RA）の状態
  ③：①と②の混合空気
  　③が①に近い　→　②より①の状態の空気を多く含む
  　③が②に近い　→　①より②の状態の空気を多く含む

- ☐ 顕熱負荷の計算
  $$Q〔kW〕= \rho \times C \times V \times T \div 3,600$$
  $C = 1$，$\rho = 1.2$から，
  $$Q〔W〕= \frac{VT}{3}$$

  Q：冷房室の顕熱負荷〔kW〕　　　　V：送風量〔m³/h〕
  T：吹出口空気と還気の温度差〔K〕　ρ：空気の密度〔kg/m³〕
  C：空気の定圧比熱〔kJ/kg・K〕

熱負荷

1 冷房負荷と暖房負荷

　熱が仕事（冷房・暖房）をするとき，効率を下げるものを負荷といいます。

　空調機の設計，選定にあたっては負荷を考慮しなければなりません。また負荷とならずにプラス側に作用するものは，安全をみて無視します。つまり，空調機の能力を少なく見積もることはしません。

　負荷には次の2つがあります。

①冷房負荷

　冷房するとき負荷となるものです。日射は，たとえ北側ガラス窓で直接太陽光は当たらなくても，天空日射があるため，冷房負荷となります。照明器具，OA機器，人体は発熱するので冷房負荷です。

　すき間風も冷房負荷ですが，室内を正圧に保てば無視してよいことになっています。

　一般に土間床，地中壁は，室内温度より低いので熱負荷は無視します。

②暖房負荷

　暖房するとき負荷となるものです。すき間風は暖房負荷でもあります。一般に，土間床，地中壁は，冬期においても室内温度より低いため，熱負荷は無視できません。

　日射は暖房時にはエネルギーの軽減に役立ちプラスなので暖房負荷とはなりません。空調の負荷を計算す

天空日射
太陽光が，大気中の水蒸気や塵，ほこりなどに乱反射して地上に降り注ぐ日射のこと。

正圧
大気圧より高い圧力のこと。大気圧より低い圧力は負圧です。

土間床，地中壁
夏，冬とも室内温度より低い（熱損失側）です。

る場合，安全をみて無視します。照明器具，OA機器からの発熱，人体の発熱も暖房時は有利に作用するので，日射と同じく無視します。

人体負荷は，室内温度が変わっても全発熱量はほとんど変わりませんが，温度が上がるほど**潜熱**が大きくなります。

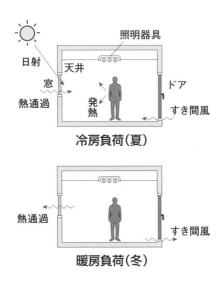

冷房負荷（夏）

暖房負荷（冬）

2 空調機の設計

空調機の能力を決める際には，**熱負荷**を計算します。

- 日射などの影響を受ける外壁からの熱は，室内の温度を上昇させるのに多少の時間的な遅れがあるので，それを見越して，**実効温度差**（相当外気温度−室内温度）で設計します。なお，**相当外気温度**とは，日射の影響を温度に換算し，外気温度に加えたものです。
- ガラス面からの熱負荷は，室内外の温度差による**ガラス面通過熱負荷**と，透過する太陽放射による**ガラス面日射負荷**とに区分して計算します。
- 空調機の設計用外気温度は，一般に**TAC温度**が使用されます。過去の気象統計を基にした，冷暖房機の能力算定のための外気温度です。

例 題 超過確率2.5%とは？

解 説 夏季（6～9月）の冷房時において，過去デー
タから夏季のTAC温度を上回る時間帯が，期間全体
の2.5%あることを示します。冬季（12～3月）に
おいては，冬季のTAC温度を下回る確率が2.5%あ
ることを示しています。

　超過確率を小さく取れば，最低気温，最高気温に近
い温度となり，設計上の冷暖房機能力は大きいものが
要求されます。逆に超過確率を大きく取った場合，効
き具合の悪い日が増えることになります。

補足

実効温度差
相当外気温度と，室内
温度の差をいいます。
壁体は日射を受けます
が，熱通過は時間的な
遅れがあるため，その
遅れを考慮した温度差
です。

TAC温度
Technical Advisory
Committee（アメリ
カ空調衛生学会）の技
術委員会が定めた空調
機選定のための温度で
す。

過去問にチャレンジ！

問1　　　　　　　　　　　　　　　　　難　中　易

冷房負荷計算に関する記述のうち，適当でないものはどれか。

(1) ガラス面からの熱負荷は，室内外の温度差によるガラス面通過熱負
　荷と，透過する太陽放射によるガラス面日射熱負荷に区分して計算す
　る。
(2) 北側のガラス窓からの熱負荷には，日射の影響は考慮しない。
(3) 設計用外気温度には，一般に，TAC温度が使用される。
(4) 地中からの熱負荷は，一般に，考慮しない。

解 説

北側のガラス窓からの熱負荷には，日射の影響を考慮します。

解 答 (2)

負荷計算

1 冷房時の計算

① : 外気 （外から導入する空気）

② : 還気 （空調機に戻ってきた空気）

③ : 混合空気 （①と②を混ぜた空気）

④ : 給気 （吹出し口から出る空気）

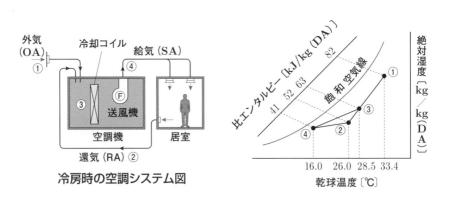

冷房時の空調システム図

◆外気取入量の計算

空調した空気すべてを排気して外気 （新鮮空気） を取り入れたのでは，いつも温度の高い外気を冷やさなければならず，エネルギー消費量が大きくなってしまいます。

そこで，室内を循環した空気の一部を再利用 （還気） します。

> **例題** 上右図に示す冷房時の湿り空気線図において，空気調和機の外気取入量を求めよ。ただし，送風量を6,000m³/hとする。

解説 外気が①で，還気が②です。これを混合して③の状態になります。③は①－②の直線上にあります。外気と還気が同量なら中点です。外気量

が多ければ①に近づきます。

$$外気取入量 = 送風量 \times \frac{②・③間の長さ}{①・②間の長さ}$$

$$還気量 = 送風量 \times \frac{①・③間の長さ}{①・②間の長さ}$$

で計算できます。

　実際には，この長さは不明なので，線分の長さは相似比を使って**比エンタルピー**から計算します。

$$外気取入量 = 6,000 \times \frac{63-52}{82-52} ≒ 2,200\mathrm{m^3/h}$$

◆顕熱負荷の計算

　Q〔kW〕：冷房室の顕熱負荷，V〔$\mathrm{m^3/h}$〕：送風量，T〔K〕：吹出し口空気と還気の温度差，空気の密度：ρ〔$\mathrm{kg/m^3}$〕，C〔$\mathrm{kJ/kg\cdot K}$〕：空気の定圧比熱とすると，

$$Q〔\mathrm{kW}〕= \rho \times C \times V \times T \div 3{,}600 \quad \cdots (\mathrm{A})$$

$C=1$，$\rho=1.2$ を代入，

$$Q = \rho \times C \times V \times T \div 3{,}600 = \frac{VT}{3{,}000} \qquad 〔\mathrm{kW}〕\rightarrow〔\mathrm{W}〕$$

$$Q〔\mathrm{W}〕= \frac{VT}{3} \quad \cdots(\mathrm{B})となります。$$

補足

送風量
送風機からの給気量をいいます。

$Q = \rho \times C \times V \times T \div 3{,}600$
$\rho\,C\,V\,T$が熱量で，3,600秒で割ると負荷〔kW〕が出ます。公式は（A）式ですが，実用上は（B）式が便利です。

空気の密度，定圧比熱
密度1.2〔$\mathrm{kg/m^3}$〕と定圧比熱1〔$\mathrm{kJ/kg\cdot K}$〕は覚えておくとよいでしょう。

> **例　題**　冷房時の空気線図（76ページ右図）において，室内の顕熱負荷を求めよ。
>
> 　ただし，送風量は 11,000 〔m³/h〕，空気の密度 1.2 〔kg/m³〕，空気の定圧比熱 1 〔kJ/kg・K〕とする。

解　説　（B）式を使います。

$$Q \text{〔W〕} = \frac{VT}{3} = \frac{11,000 \times (26-16)}{3} \fallingdotseq 36,700 \text{〔W〕} = \mathbf{36.7 \text{〔kW〕}}$$

2　暖房時の計算

　暖房時においては，空気の状況図は異なりますが（右図参照），冷房時と使う公式は同じです。

　加湿に関する問題を例にあげます。

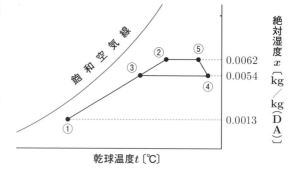

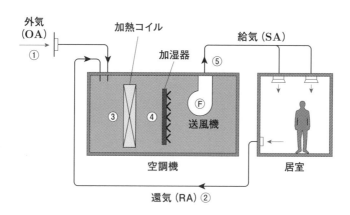

3

空調負荷と計算

例題 前図に示す暖房時の湿り空気線図の状態で処理する空気調和機の有効加湿量を求めよ。

ただし，外気導入には全熱交換器を用い，送風量は12,500m³/h，空気の密度は1.2kg/m³とする。

解説 $12,500 (\text{m}^3/\text{h}) \times 1.2 (\text{kg}/\text{m}^3) \times (0.0062 - 0.0054) = \mathbf{12} (\text{kg/h})$

過去問にチャレンジ！

問1 難 中 易

図に示す冷房時の湿り空気線図の状態で処理する空気調和機の送風量の数値として，適当なものはどれか。ただし，室内の全熱負荷40kW，顕熱比（SHF）0.8，空気の密度1.2kg/m³，空気の定圧比熱1.0kJ/(kg・K)とする。

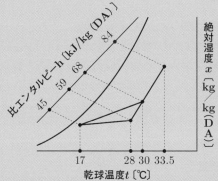

(1) 約7,400m³/h (2) 約8,700m³/h

(3) 約9,200m³/h (4) 約11,000m³/h

解説

(B) 式で解いてみます。

$$Q (\text{W}) = \frac{VT}{3} \rightarrow V = \frac{3Q}{T} = 3 \times 40,000 \times \frac{0.8}{28 - 17} \fallingdotseq 8,730$$

解答 (2)

4 換気

まとめ & 丸暗記　この節の学習内容とまとめ

☐ 自然換気
通風，室内外の温度差による換気

・給気口は居室の天井高さの $\dfrac{1}{2}$ 以下

・一般の居室において，換気に有効な窓部分の面積がその居室の

床面積に対して $\dfrac{1}{20}$ 以上あれば，換気設備を設けなくてもよい

☐ 機械換気
機械設備（換気扇など）による換気
・劇場，映画館などの特殊建築物の居室：1人当たり $20\text{m}^3/\text{h}$ 以上の外気量を導入する機械換気設備を設ける

☐ 機械換気の方式

換気方式	給気機	排気機	室内の圧力
第1種機械換気	○	○	正圧，負圧
第2種機械換気	○	×	正圧
第3種機械換気	×	○	負圧

○：あり
×：なし

☐ 必要換気量

$$Q = \dfrac{M}{C - C_0}$$

Q：必要換気量 $[\text{m}^3/\text{h}]$
C：室内の CO_2 許容濃度 $[\text{ppm}]$
C_0：外気の CO_2 濃度 $[\text{ppm}]$
M：室内の CO_2 発生量 $[\text{m}^3/\text{h}]$

CQ
C_0Q
タバコ

換気の方式

1 自然換気と機械換気

①自然換気

通風や室内外の温度差によって空気が移動し、換気が行われることをいいます。

自然換気設備での給気口は、居室の天井高さの $\frac{1}{2}$ 以下に設け、排気口は給気口より高い位置に設けます。一般の居室においては、換気に有効な窓部分の面積がその居室の床面積に対して $\frac{1}{20}$ 以上あるときは、換気設備を設けなくてもよいことになっています。その場合、換気上有効な開口部としての窓は、引違い窓では窓面積の約半分が有効部分とみなされます。

補足

居室
執務、娯楽などで継続的に使用する部屋のことです。トイレ、倉庫などは含みません。

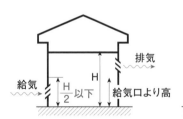

有効窓面積
＝床面積の $\frac{1}{20}$ 以上

②機械換気

換気扇など機械設備により換気を行うものです。

劇場、映画館の客席部では一般に、機械換気設備または中央管理方式の空気調和設備が必要です。劇場、映画館などの特殊建築物の居室には、床面積の $\frac{1}{20}$ 以

中央管理方式
個別に空調機を設置するのではなく、中央（機械室など）に熱源機器、空調機などを設置して、専門の職員が運転、制御する方式です。

特殊建築物
建築基準法の定めによれば、ほとんどの用途の建築物が該当し、特殊建築物でないものは、事務所、個人住宅など一部です。

上の換気上有効な開口部があっても，1人当たり20m³/h以上の外気量を導入する機械換気設備を設けなければなりません。

2 換気方式

機械換気は給気と排気のやり方によって，次の3種類があります。

①第1種機械換気方式

給気，排気とも機械設備による方式です。給気，排気の量が機械的に調節でき，室内を正圧にも負圧にもできます。

たとえば，病院の手術室は一般に給気量を多くして正圧に保ち，外部からの塵埃などの侵入を防ぎます。感染症の患者である場合は，菌が外部に出ないように排気量を多くして負圧にします。

第1種機械換気

🎗️：換気設備

②第2種機械換気方式

給気を機械設備，排気は自然排気による方式です。室内は正圧に保たれるので，外部から塵埃などは入りません。

クリーンルーム，電算機室など外部からのほこりを嫌う場所はこのタイプです。なお，外気取入口には，フィルターを設置するのでほこりは入りません。

また，多量の火気を使うボイラ室などは，燃焼用空気と室内冷却のために給気を十分にとることが必要であり，第2種機械換気方式が好ましいといえます。

第2種機械換気

🎗️：換気設備

▯：換気口
　（ガラリ）

　※厳密なエアバランスが必要な場合は，第1種機械換気方式とします。

③第3種機械換気方式

　給気を自然給気，排気は機械設備による方式です。室内は負圧になるので，臭気が他の部屋に漏れません。トイレや喫煙室などの場所にはこの方式が向いています。喫煙室では，換気設備だけでなく，活性炭および高性能フィルターを備えた空気清浄装置を併用するとよいでしょう。

　なお，換気回数は換気量÷室の体積で計算します。住宅等の居室ではシックハウス対策として，0.5回/h以上です。

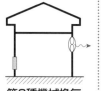

第3種機械換気

補足

ガラリ（grille）
建物外壁に取り付け，空気の流通を可能にした格子のこと。

4
換気

⊗：換気設備

▯：換気口
　（ガラリ）

過去問にチャレンジ！

問1　　　　　　　　　　　　　　　　難　**中**　易

　換気の方式と換気設備を設ける対象室の組合せのうち，もっとも不適当なものはどれか。

	（方式）	（対象室）
(1)	第1種機械換気	機械室，発電機室，厨房
(2)	第2種機械換気	ボイラ室，喫煙室
(3)	第3種機械換気	便所，シャワー室，湯沸室
(4)	自然換気	浴場，教室

解　説

　喫煙室の煙，臭気は外部に放出する必要があるので，第3種機械換気設備です。

解　答　(2)

換気量の計算

1 必要換気量

　居室の必要換気量は，一般に室内の二酸化炭素濃度を基準として算定します。これにより，人の呼吸や燃焼器具の排気などで汚染された室内空気を換気することで，どれだけ新鮮外気の濃度に近づけられるかがわかるからです。

　換気量は，1時間当たりの換気量：Q〔m^3/h〕で表します。

　次の条件で必要換気量を計算します。

> 条件1：給気口から入る外気と等しい量の室内空気が排気口から排出される。
>
> 条件2：室内の二酸化炭素は一様に分布する。

Q：必要換気量〔m^3/h〕

C：室内のCO_2の許容濃度〔ppm〕

C_0：外気に含まれるCO_2の濃度〔ppm〕

M：室内でのCO_2発生量〔m^3/h〕

とすると，

　給気口から入るCO_2の量……C_0Q

　排気口から出るCO_2の量……CQ

　$\therefore CQ - C_0Q = M$

　よって，必要換気量Qは，次の式で求められます。

$$Q = \frac{M}{C - C_0}$$

例題1 $C=0.1\%$, $C_0=0.04\%$, $M=0.015\mathrm{m^3/h}$ のとき，Qを求めよ。

解説 $Q=\dfrac{0.015}{0.001-0.0004}$

$=25\,[\mathrm{m^3/h}]$

例題2 居室に6人いる。1人当たりの呼吸による二酸化炭素の排出量は，0.02〔$\mathrm{m^3/h}$〕，大気中の二酸化炭素濃度は400ppm，室内の許容濃度は1,000ppmとするとき，必要換気量を求めよ。

解説 $Q=\dfrac{0.02\times6}{0.001-0.0004}$

$=200\,[\mathrm{m^3/h}]$

補足

外気に含まれるCO_2濃度
日本では3地点（大船渡，南鳥島，与那国島）で観測していますが，空気が澄んだ所でも月間値で400ppmを超えることがあります。およその数値は知っておくとよいですが，試験では，与えられた数値を使ってください。

ppm
百万分の1を表します。
$1\mathrm{ppm}=\dfrac{1}{1,000,000}$
です。

過去問にチャレンジ！

問1　　　　　　　　　　　　　　難　**中**　易

在室人員が21人の居室の二酸化炭素濃度を，1,000ppm以下に保つために必要な最小換気量として，適当なものはどれか。ただし，外気の二酸化炭素濃度は400ppm，人体からの二酸化炭素発生量は0.02$\mathrm{m^3}$/（$\mathrm{h\cdot}$人）とする。

(1) $450\,\mathrm{m^3/h}$　　(2) $700\,\mathrm{m^3/h}$　　(3) $850\,\mathrm{m^3/h}$　　(4) $1,400\,\mathrm{m^3/h}$

解説

$Q=\dfrac{M}{C-C_0}$で計算します。$Q=\dfrac{0.02\times21}{0.001-0.0004}=\dfrac{0.42}{0.0006}=700\mathrm{m^3/h}$

※選択肢に位だけ異なる数字がないので，ppmの数字のまま計算してもOKです。

解答 (2)

5 排煙

まとめ & 丸暗記　この節の学習内容とまとめ

☐　1つの防煙区画：原則床面積が500m²以内

☐　防煙垂れ壁：その下端から天井までの距離が50cm以上

☐　排煙口
　・天井面
　・壁面（天井より80cm以内かつ防煙垂れ壁以内）
　・水平距離30m以内

　・床面積の $\dfrac{1}{50}$ 以上の開口面積を有し，かつ直接外気に接する

　　場合，自然排煙可

☐　手動開放装置の高さ

壁面	80cm〜1.5m
天吊り	約1.8m

☐　必要最小風量〔$\mathrm{m^3/min}$〕

種類	最低値	1区画	2区画以上
排煙機	120	S_1	$2S_m$
ダクト	—	S_1	$S_1 + S_2$

S_1，S_2：防煙区画の面積
S_m：防煙区画中の最大面積

排煙設備

1 自然排煙と機械排煙

排煙とは，火災で発生した煙を外部に排出することです。その方式は換気と同じく，自然と機械の2種類があります。

①自然排煙

機械を使わず排気口から自然に煙を流出させる方式です。

煙は横方向の流れはゆっくりですが，縦方向はかなり速く上昇します。したがって，煙はすぐに天井付近に滞留しますので，自然排煙は天井の高い大空間に適しています。

②機械排煙

排煙機を用いて強制的に排煙します。

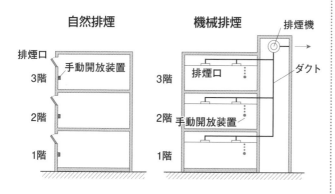

同一の防煙区画において，自然排煙と機械排煙を併用すると，効率的な排煙ができません。排煙機の吸引

補足

煙
横方向は1m/sくらいで，子どもが歩くほどの速さです。縦方向は3〜5m/s程度で，相当な速さで上昇します。

機械排煙
予備電源は30分間継続して排煙設備を作動できる容量以上とし，かつ常用の電源が断たれた場合に自動的に切り替えられるものとします。

排煙機
建物の屋上など，最上階の排煙口，ダクトより高いところに設置します。耐熱性能として吸込温度が280℃に達する間に運転に異常がなく，かつ，吸込温度280℃の状態において30分以上，異常なく運転できることが求められます。

力で自然排煙の排気口が給気口となるおそれがあるからです。

自然排煙方式と機械排煙方式の併用は不可です。

2 防煙区画

防煙とは，火災によって発生した煙を1箇所に滞留させ，他所に流れていくのを防ぐことです。その区画のことを防煙区画といいます。

防煙区画は，不燃材料による防煙壁または間仕切り壁で区画します。

建築物の各防煙区画の面積は，床面積が500m²以内になるようにします。ただし，劇場・映画館の客席などでは，500m²を超えた区画とすることができます。

防煙区画を防煙壁で区画する場合，防煙垂れ壁で区画します。防煙垂れ壁は，その下端から天井までの距離が50cm以上になるように設けます。

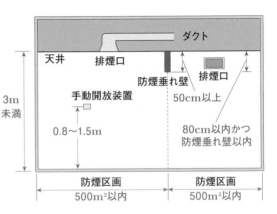

3 構成機器

排煙設備を構成する機器類です。

①排煙口

煙を外部に排出するための排気口です。規定は次のとおりです。

● 天井高さが3m未満の場合，壁面に設けるときの排煙口の位置（下端）は，天井より80cm以内かつ，防煙垂れ壁の下端より上の部分とします。

● 天井高さが3m以上では，排煙口の下端は床面より天井高の$\frac{1}{2}$以上か

つ，2.1m以上に設置します。

● 防煙区画の各部分から排煙口に至る水平距離が30m以内に設置します。

● 同一防煙区画に複数の排煙口を設ける場合は，排煙口の一つを開放することで他の排煙口を同時に開放する連動機構付きとします。

● 排煙口の位置は，避難方向と煙の流れが反対になるように配置します。

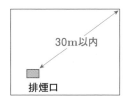

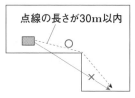

点線の長さが30m以内

直線距離は不可

なお，排煙口が防煙区画部分の床面積の$\frac{1}{50}$以上の開口面積を有し，かつ直接外気に接する場合，自然排煙方式でよいのですが，それ以外は機械排煙方式とします。

②排煙機

機械排煙方式のときに設置する動力装置です。

③手動開放装置

排煙口を手動で操作するための装置です。

手で操作する部分の高さは次のとおりです。

壁面に設置する場合は，床面より80cm〜1.5mの高さに設けます。

天井から吊り下げて設置する場合は，床面から約1.8mの高さの位置に設けます。

④排煙ダクト

　防煙区画に設置された排煙口から排煙機までをつなぐ，煙を外部に排出するための風道です。

　排煙口の吸込み風速は10m/s以下，ダクト内の風速は20m/s以下とします。

⑤防火ダンパー

　ダクト内に設け，火炎を遮断します。ただし，原則として，立てダクト（メインダクト）には設けません。作動温度は280℃です。

過去問にチャレンジ！

問1　　　　　　　　　　　　　　　　　難　中　易

　排煙設備に関する記述のうち，適当でないものはどれか。

　ただし，本設備は「建築基準法」上の「階および全館避難安全検証法」および「特殊な構造」によらないものとする。

(1) 天井高さが3m未満の室の壁面に設ける場合の排煙口の位置は，天井から80cm以内，かつ，防煙垂れ壁の下端より上部とする。
(2) 同一防煙区画に複数の排煙口を設ける場合は，排煙口の1つを開放することで他の排煙口を同時に開放する連動機構付きとする。
(3) 排煙口の位置は，避難方向と煙の流れが反対になるように配置する。
(4) 居室の防煙垂れ壁は，防火戸上部および天井チャンバー方式を除き，その下端から天井までの距離が30cm以上になるように設ける。

解説

　防煙垂れ壁は，その下端から天井までの距離が50cm以上になるように設けます。

解答　(4)

90

排煙風量の計算

1 排煙機の風量

排煙機の必要最小風量は，次の条件を考慮して計算します。

(a) 120 〔m^3/min〕以上

(b) **防煙区画が1つの場合**

　1〔$m^3/m^2 \cdot min$〕×防煙区画の面積〔m^2〕

(c) **防煙区画が2つ以上の場合**

　2〔$m^3/m^2 \cdot min$〕×防煙区画の中で最大面積〔m^2〕

例題1 防煙区画が1つで，面積が95m²の場合

解説 (a) から120〔m^3/min〕，(b) から1×95 =95〔m^3/min〕

よって，**120〔m^3/min〕**必要です。

例題2 防煙区画が3つで，面積がA区画360m²，B区画450m²，C区画430m²の場合

解説 (a) から120〔m^3/min〕，(c) から2×450 =900〔m^3/min〕

よって，**900〔m^3/min〕**必要です。

ある区画で煙が出た場合，同一階の隣の防煙区画の

補足

防火ダンパー
天井内等のいんぺい部分に設ける場合は，一辺が45cm以上の点検口を設けます。

m^3/min
minはminute（分）の略。試験問題では〔m^3/h〕の単位で出題されることもあります。hはhour（時間）の略なので，〔m^3/min〕で出た数値を60倍します。

120〔m^3/min〕
どの排煙機にも必要な最低値です。

排煙口も同時開放することがあります。

※同時開放するのは同じ階です。上下階を同時開放することはありません。

2 排煙ダクトの風量

ダクトが受け持つ必要最小風量は，次の条件を考慮して計算します。

(a) **防煙区画が1つの場合**

> $1 〔\mathrm{m^3/m^2 \cdot min}〕 \times$ 防煙区画の面積 $〔\mathrm{m^2}〕$

(b) **防煙区画が2つ以上の場合**

> $1 〔\mathrm{m^3/m^2 \cdot min}〕 \times$ 隣り合った防煙区画の面積の合計 $〔\mathrm{m^2}〕$

過去問にチャレンジ！

問1 　　　　　　　　　　　　　難 **中** 易

　図に示す防煙区画からなる機械排煙設備において，各部が受け持つ必要最小風量として，「建築基準法」上，適当でないものはどれか。

　ただし，本設備は「階および全館避難安全検証法」によらないものとする。

(1) ダクトA部：$18,000\,\mathrm{m^3/h}$
(2) ダクトB部：$42,000\,\mathrm{m^3/h}$
(3) ダクトC部：$30,000\,\mathrm{m^3/h}$
(4) 排煙機：$42,000\,\mathrm{m^3/h}$

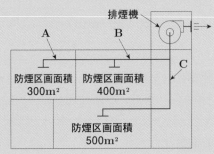

解 説

選択肢を見ると単位が $〔\mathrm{m^3/h}〕$ なので，60倍します。

排煙機：$2 \times 500 \times 60 = 60,000$

解 答 (4)

第3章

給排水・衛生設備

1 上水道

まとめ & 丸暗記　この節の学習内容とまとめ

□ 水道施設（①〜⑥），給水装置（⑦）
　①取水施設　　②貯水施設　　③導水施設　　④浄水施設
　⑤送水施設　　⑥配水施設　　⑦給水装置

□ 残留塩素

種　類	必要な濃度	殺菌効果
遊離残留塩素	0.1mg/L以上	高い
結合残留塩素	0.4mg/L以上	低い

□ 配水管の埋設深さ：1.2m以下（やむを得ないとき：0.6m以下）は不可

□ 配水管
　他の地下埋設物と交差または近接→30cm以上の間隔
　不同沈下のおそれ→伸縮可とう継手を設置
　他の給水装置の取付口→30cm以上の離隔

□ 配水管からの分岐は，水道事業者との連絡調整が必要

□ 分水栓の種類
　水道用分水栓（単に分水栓），サドル付分水栓，割T字管

□ 給水装置の耐圧性能試験
　1.75MPaの静水圧を1分間→水漏れ，変形，破損，その他の異常がないことを確認

水道施設

1 上水道の施設

　水道施設は，河川などから取水した原水を浄水にする施設をいいます。給水装置は，需要者の設備です。これらは，次の施設から構成されます。

①取水施設

　河川水，地下水，伏流水などの水源から原水を取り入れる施設です。

②貯水施設

　原水を貯める施設です。渇水時においても必要量の原水を供給する能力を有します。

③導水施設

　原水を取水施設から浄水施設まで送る施設で，自然流下式，ポンプ加圧式および併用式があります。

④浄水施設

　導水された原水は，最初に着水井に導かれます。着水井は原水の水位の動揺を安定させ，その水量を調節するために設けます。
　次に，凝集池に運ばれます。凝集池は，凝集剤と原水を混和させる混和池と，混和池で生成した微小フロックを大きく成長させるフロック形成池から構成されます。その後，大きくなったフロックを，沈殿池で沈殿させます。

補足

水道施設
①〜⑥の施設をいいます。水道用水供給事業者（浄水場）や水道事業者の施設です。

原水，浄水
河川水などから取水したものを原水といいます。塩素剤で消毒した飲料用水を浄水といいます。

ろ過には，次の２つがあります。

● 緩速ろ過

凝集剤を加えず沈殿処理した後，砂ろ過を行うので，処理速度は非常に
緩やかです。低濁度の水処理に適します。

● 急速ろ過

凝集剤を加えてフロックを沈殿させた後，砂ろ過を行います。処理速度
は速く，高濁度の水処理に適します。ろ過が終わると塩素剤を注入し消
毒します。この時点で浄水となります。

⑤送水施設

浄水を配水池まで送る施設です。送水するためのポンプや送水管などで
構成されます。

⑥配水施設

配水池の浄水を給水区域内の需要者（水を使用する者）に，その必要と
する水圧で所要量を供給するための施設です。

⑦給水装置

水道事業者の配水管から分岐して設けられる，給水管と給水用具をいい
ます。設置費用は需要者が負担します。

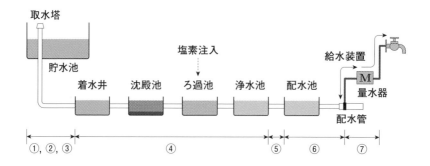

2 残留塩素

塩素剤を用いて水を消毒した後も水中に残留し，消毒効果をもつ塩素のことです。次の2種類があります。

種　類	必要な濃度	殺菌力
遊離残留塩素	0.1mg/L以上	強い
結合残留塩素	0.4mg/L以上	弱い

この表から，殺菌力を比べると，遊離残留塩素のほうが強いことがわかります。

補足

凝集
水の濁り，汚れを取り除くために薬品（凝集剤）を加えてフロック（固形物）をつくること。

塩素剤
液体塩素，次亜塩素酸ナトリウム，次亜塩素酸カルシウムなどのことで，飲料水の消毒用として用います。

1
上水道

過去問にチャレンジ！

問1　　　　　　　　　　　　　　難　中　易

上水道施設に関する記述のうち，適当でないものはどれか。

(1) 導水施設は，取水施設から浄水施設までの施設をいい，自然流下式，ポンプ加圧式および併用式がある。
(2) 凝集池は，凝集剤と原水を混和させる混和池と，混和池で生成した微小フロックを大きく成長させるフロック形成池から構成される。
(3) 緩速ろ過方式は，急速ろ過方式に比べて，濁度と色度の高い水を処理する場合に適している。
(4) 送水施設は，浄水池から配水池までの施設をいい，送水するためのポンプ，送水管などで構成される。

解　説

緩速ろ過方式は，薬剤を混ぜず自然にろ過する方式です。濁度と色度の高い水を処理する場合は，薬剤を投入して汚れを速く取る急速ろ過方式にて行います。ろ過スピードも格段に速くなります。

解　答　(3)

配水管

1 配水管の施工

配水管を公道に埋設する場合，配水管の頂部と路面との距離は，1.2m以下（工事上やむを得ないときは0.6m以下）にはできません。また，配水管を他の地下埋設物

と交差または近接して敷設するときは，少なくとも30cm以上の間隔を保ちます。

軟弱地盤や構造物との取合い部など，不同沈下（地盤が不揃いに沈下すること）のおそれのある箇所の配水管には，20〜30mの間隔でたわみ性の大きい伸縮可とう継手を設けます。

露出配管部に伸縮継手を設ける場合は，その間隔を20〜30mとします。

配水管は水道事業者の所有物なので，配水管から分岐して給水管を設ける場合，水道事業者との連絡調整が必要になります。

分水栓またはサドル付分水栓によって給水管を取り出す場合は，他の給水装置の取付け口から30cm以上離します。

不断水工法により配水管の分岐を行う場合，既設管に割T字管を取り付けた後，所定の水圧試験を行って漏水のないことを確認してから，穿孔作業を行います。なお，給水管を分岐する箇所での配水管内の最小動水圧は0.15MPa以上とし，最大静水圧は0.74MPaを超えないようにします。

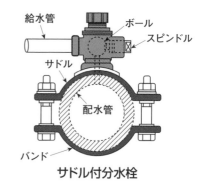

サドル付分水栓

2 給水装置

　配水管に設置した分水栓から直結した給水管，末端
の給水栓までをいいます。

　給水装置工事が完了したら，給水装置の耐圧性能試
験を行い，原則として，1.75MPaの静水圧を1分間
加えたとき，水漏れ，変形，破損，その他の異常がな
いことを確認します。

　※水道事業者により圧力の数値などが異なります。

補足

水道事業者
厚生労働大臣の認可を
得て水道事業を営む者
です。

不断水工法
断水しないで行う工事
方法のことです。

割T字管
配水管に給水管を接続
するときに使用するT
字形の継手です。

過去問にチャレンジ！

問1　　　　　難　中　易

　配水管および水道直結部の給水管に関する記述のうち，適当でないも
のはどれか。

(1) 軟弱地盤や構造物との取合い部など，不同沈下のおそれのある箇所
　　には，たわみ性の大きい伸縮可とう継手を設ける。
(2) 給水管を分岐する箇所での配水管内の最小動水圧は0.15MPaとし，
　　最大静水圧は0.74MPaを超えないようにする。
(3) 水道直結部の給水管は，耐圧性能試験により1.5MPaの静水圧を加
　　えたとき，水漏れ，変形などの異常が認められないことを確認する。
(4) 不断水工法により配水管の分岐を行う場合，既設管に割T字管を取
　　り付けた後，所定の水圧試験を行って漏水のないことを確認してか
　　ら，穿孔作業を行う。

解説

　耐圧性能試験により1.75MPaの静水圧を1分間加えたとき，水漏れ，変形，
破損などの異常が認められないことを確認します。

解答 (3)

2 下水道

まとめ & 丸暗記　この節の学習内容とまとめ

☐ 分流式，合流式

分流式：汚水と雑排水を同一の管，雨水を別の管で排水

合流式：汚水，雑排水，雨水を同じ管で排水

☐ 管渠の名称
かんきょ

汚水管渠：汚水と雑排水を1本にした管渠

雨水管渠：雨水だけの管渠

合流管渠：汚水，雑排水，雨水のすべてを1本にした管渠

☐ 管渠の流速と最小管径

管渠の種類	最小流速	最大流速	最小管径
汚水管渠	0.6m/s	3m/s	200mm
雨水管渠，合流管渠	0.8m/s	3m/s	250mm

☐ 硬質ポリ塩化ビニル管その他可とう性の管渠の基礎：原則として，自由支承の砂または砕石基礎

☐ 下水道本管に取付け管を接続する場合：他の取付け管から1m以上離す

☐ 処理区域内において，下水の処理を開始すべき日から3年以内に水洗便所に改造

下水道計画

1 分流式と合流式

下水道には分流式と合流式があります。

①分流式

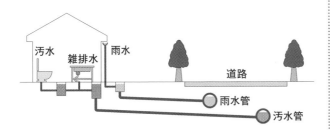

汚水と雑排水を同一の管，雨水を別の管で排水します。

②合流式

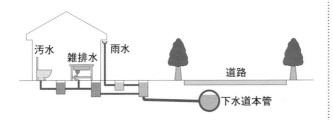

汚水，雑排水，雨水を同じ管で排水します。

合流式汚水管渠は分流式よりも管径が大きいため，勾配を緩やかにしても適切な流速が得られます。

分流式，合流式
宅地内では雨水管は単独とし，汚水と雑排水を分ける場合を分流式，分けない場合を合流式といいます。下水道の場合と異なるので注意してください。

汚水管
雑排水を含みます。

汚水
トイレからの屎尿（しにょう）をいいます。

雑排水
風呂，洗面，台所などの排水をいいます。

2 管渠

下水などを流す管路のことです。管渠には，周りを密閉した暗渠と大気に開放された開渠があります。下水は暗渠とします。

管渠には次のような種類があります。

- 汚水管渠：汚水と雑排水を1本にした管渠です。
- 雨水管渠：雨水だけの管渠です。
- 合流管渠：汚水，雑排水，雨水のすべてを1本にした管渠です。
  降雨の規模によっては，処理施設を経ないで下水が河川等の公共用水域に放流されることがあります。

◆管渠の流速と最小管径

管渠の種類	最小流速	最大流速	最小管径
汚水管渠	0.6m/s	3m/s	200mm※
雨水管渠，合流管渠	0.8m/s	3m/s	250mm

※下水量の増加が将来にわたってまったく見込まれない場合は150mmでよい。

管渠は，下流に行くほど流量が増大するので，管径を太くし，勾配を緩やかにして流速を漸増させます。川を横断する伏越し管渠内流速は，上流管渠より速くします。

また，管渠の径が異なる場合の接合には，次の4つの方式があります。

- 水面接合：上流管と下流管の水面が一致するように接合します。
- 管頂接合：管の内面頂部の高さを合わせて接合します。
- 管底接合：管の内面底部の高さを合わせて接合します。
- 管心接合：管の中心を合わせて接合します。

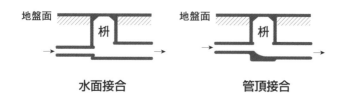

地盤面　枡　水面接合　　地盤面　枡　管頂接合

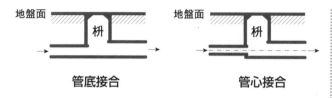

管底接合　　　　　　　　　管心接合

2　下水道

　水面接合は，水理計算によって求めます。流量や管径などから，接合高さを計算によって求めるものです。複雑なので，大規模な下水道施設で採用されます。

　下水道施設では一般に，**水面接合または管頂接合**が用いられます。

　地表勾配が急な場合は，原則として，段差接合や階段接合とします。

過去問にチャレンジ！

問1　　　　　　　　　　　　難　中　**易**

　下水道の汚水管渠内の流速に関する文中，（　）内に当てはまる数値の組合せとして，適当なものはどれか。

　汚水の流速は，計画汚水量に対し，管渠底部に汚物が沈殿しないように，最小流速を（Ａ）m/sとし，また，管渠や枡を損傷しないように，最大流速は（Ｂ）m/s程度とする。

	(A)		(B)
(1)	0.6	—	3.0
(2)	0.6	—	5.0
(3)	1.5	—	3.0
(4)	1.5	—	5.0

解説

　汚水の管渠の流速は，0.6〜3m/sとなるようにします。

解答（1）

施工

1 管渠の工事

　硬質ポリ塩化ビニル管その他可とう性の管渠の基礎は，原則として，自由支承の砂または砕石基礎とします。軟弱地盤などにおいて，枡と管渠との不同沈下が想定される場合には，接続部分に可とう性をもたせます。

　道路（公道）に埋設する下水道管の頂部と路面との距離は，3m以下（やむを得ない場合にあっては1m以下）にはできません。

　敷地内では，排水管の土被りは，原則として，20cm以上とします。

2 取付け管

　下水道本管に取付け管を接続する場合は，他の取付け管から1m以上離します。本管をつなぐ取付け管は，本管の水平中心線より上方に取り付けます。

　管渠に取付け管を接続する場合の取付け部は，管渠に対して60度または90度とします。取付け管を接続する際に90度支管を用いるときは，管頂から60度以内の上側から流入させます。

　取付け管の最小管径は150mmを標準とし，勾配は $\dfrac{1}{100}$ 以上とします。

　管の合流は図のようにします。

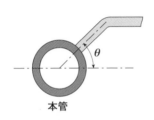

本管
水平中心線より上で接続
θ＝60°または90°

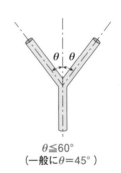

$\theta \leqq 60°$
（一般にθ＝45°）

3 水洗

可とう性
折り曲げに対しての柔軟性をいいます。

自由支承
砂や砕石を転圧して管渠を固定せずに乗せることをいいます。

処理区域内において，くみ取便所が設けられている建築物を所有する者は，公示された下水の処理を開始すべき日から3年以内に水洗便所に改造しなければなりません。

過去問にチャレンジ！

問1 難 **中** 易

下水道に関する記述のうち，適当でないものはどれか。

(1) 管渠は，下流に行くほど流量が増大するので，勾配を緩やかにして流速を漸増させる。
(2) 枡と本管をつなぐ取付け管は，本管の中心線より下方に取り付ける。
(3) 硬質ポリ塩化ビニル管の管渠の基礎は，原則として，自由支承の砂または砕石基礎とする。
(4) 汚水枡の形状は円形または角形とし，構造はコンクリート製，鉄筋コンクリート製またはプラスチック製とする。

解説

本管をつなぐ取付け管は，本管の中心線より上方に取り付けます。下方だと本管の流動物の影響を受け，取付け管が閉塞するおそれがあります。

解答 (2)

3 給水設備

まとめ & 丸暗記　この節の学習内容とまとめ

☐ 時間平均予想給水量　$\dfrac{1日の使用水量}{1日の平均使用時間}$

☐ 時間最大予想給水量　時間平均予想給水量 × (1.5〜2)

☐ 受水槽の容量：1日予想給水量の $\dfrac{1}{2}$ 程度

☐ 給水用具における，必要な最低圧力

使用機器	最低圧力
一般水栓	30kPa
洗浄弁（フラッシュ弁）	70kPa
シャワー	70kPa

☐ 一般的に，最高水圧は250〜300kPa程度
　事務所ビル：400〜500kPaまで
　大便器洗浄弁：400kPaまで

☐ 使用水量：事務所80L，住宅250L，ホテル300L

☐ 受水槽の保守点検スペース：周囲および下部60cm以上，
　上部1.0m以上，直径60cm以上の円が内接できるマンホール

☐ 受水槽の越流管（オーバーフロー管）は間接排水とし，管端開口
　部には金網（防虫綱）設置（※高置水槽も同様）

☐ 吐水口空間：給水栓の吐水口端とあふれ縁との鉛直距離

☐ 逆サイホン作用の防止には，吐水口空間の確保が有効

☐ バキュームブレーカ：給水管内に生じた負圧に対して自動的に空
　気を補充する装置（大便器洗浄弁やハンドシャワーに取り付け）

☐ 給水管内の流速が2.0m/sを超える→ウォータハンマの危険性

給水計画

1 予想給水量

1時間にどれだけの量の水を使用するかを予想して，給水設備を計画します。

予想給水量には，人員によるものと，建物によるものがあります。建物による予想給水量には，人が消費する水量に建物設備が定常的に消費する水量を加えます。建物設備が消費する水とは，空調用冷却塔補給水や自家発電機の冷却水などです。

● 時間平均予想給水量

$$\frac{1日の使用水量}{1日の平均使用時間}$$

● 時間最大予想給水量

$$時間平均予想給水量 \times (1.5 \sim 2)$$

2 水槽（タンク）の容量

①受水槽

1日予想給水量の$\frac{1}{2}$程度とします。

水の入れ替えが促進され，0.1mg/L以上の残留塩素が確保できます。

補足

給水量
給水量や配管径の算定で，器具給水負荷単位があります。これは，給水用具の種類による使用頻度などを考慮して，給水流量を単位化したものです。私室用よりも公衆用の給水用具の方が大きい値になります。

受水槽
配水管からの水を，いったん貯めておくタンクです。

②高置水槽

　受水槽を設ける場合の高置水槽の容量は，一般に，時間最大予想給水量に0.5〜1を乗じた容量です。だいたい時間平均予想給水量程度です。

3 給水圧力

　給水用具における，必要な最低圧力は次のとおりです。

使用機器	最低圧力
一般水栓	30kPa
洗浄弁（フラッシュ弁）	70kPa
シャワー	70kPa

　一般的に，最高水圧は250〜300kPa程度ですが，事務所ビルでは水栓への上限を400〜500kPaとします。大便器洗浄弁は400kPaまでとします。

　高層の事務所ビルでは，給水系統を高層階と低層階に分けるなどして，圧力を抑える必要があります。

4 使用水量

　建物種別による1日，1人当たりのおよその給水量です。

　事務所：80L，住宅：250L，ホテル：300L

5 給水方式

　直結方式，受水槽方式，および両方式の併用タイプに類別されます。

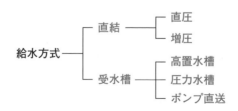

それぞれの特徴は次のとおりです。

①直結直圧式

配水管から，給水管で各給水用具に送水する方式です。使用箇所まで密閉された管路で直結して供給されるため，もっとも衛生的な方式です。

水→　止水栓　水道メータ

②直結増圧式

水道メータ以降の給水管の途中に直結加圧形給水ポンプユニットを設置し，増圧給水する方式です。

給水栓の圧力は，水道本管の圧力が変化しても一定になるように制御できます。

③高置水槽式

屋上などに設置した高置水槽にポンプで揚水して落差（高さによる重力）で給水する方式です。

給水箇所ごとの給水圧力は安定していますが，上階で低く，下階で高くなるため，10階を超える高層建築物では，途中の階に減圧弁や中間水槽を設置して圧力を下げます。

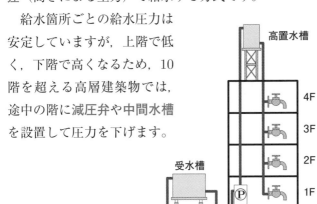

高置水槽

受水槽

ポンプ

4F
3F
2F
1F

3 給水設備

高置水槽
重力により各給水栓へ給水するためのタンクです。最高位の給水栓より，8〜10m高い位置に設置します。

kPa
圧力の単位で，1Pa（パスカル）は1m²当たり1N（ニュートン）の力を示します。
1MPa＝1,000kPa
1kPa＝1,000Pa

給水方式
直結と受水槽の併用式は，1つの建物で，低層階を直結式，中層・高層階を受水槽（高置水槽式）とするものです。

直結加圧形給水ポンプユニット
増圧ポンプ，逆流防止器（水道事業者認定品），制御盤などを組み込んだものです。

④圧力水槽式

密閉タンクに貯水し，圧縮空気を送って給水圧力をつくります。
小規模な建物に使用されます。

⑤ポンプ直送式

給水管の圧力または流量を検出し，ポンプの運転台数や回転数を変えます。

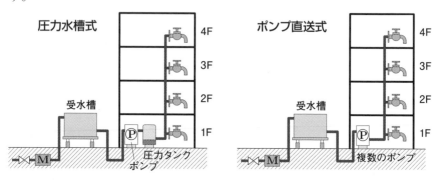

過去問にチャレンジ！

問1 　　　　　　　　　　　　　　　　　難　中　易

給水設備に関する記述のうち，適当でないものはどれか。

(1) 共同住宅の設計に用いる1人当たり使用水量は，100L/日とする。
(2) シャワーの必要最小圧力は，70kPa程度である。
(3) ポンプ直送方式における給水ポンプの揚程は，受水槽の水位と給水器具の高低差，その必要最小圧力，配管での圧力損失から算出する。
(4) 水栓の給水圧力の上限は，事務所ビルでは400～500kPaとする。

解説

共同住宅では1人当たり使用水量を250L/日として計算します。

解答 (1)

給水設備

1 受水槽の設置

　受水槽は，配水管から給水した水をいったん貯水しておく設備です。設置に関して次の点に留意します。

- 受水槽の保守点検スペースは，周囲および下部は60cm以上とし，上部は1.0m以上です。上部には原則として配管，ダクトは通しませんが，やむを得ず排水管を通す場合，配管の下に受け皿を設置し，受水槽との空間を1m以上確保します。
- 5m³を超える飲料用水槽には，内部の点検，清掃が容易に行えるように，直径60cm以上の円が内接できるマンホールを設けます。
- 飲料用FRP製受水槽と鋼管との接続には，フレキシブルジョイントを設けて，配管の重量や変位による荷重が直接受水槽にかからないようにします。
- 受水槽内の水位が一定レベルに達すると，それ以上高くならないよう，外部に越流させる管（越流管）を設けます。吐水口といったん吐き出した水を接触させないためです。この越流管は間接排水とします。（排水口空間は15cm以上）
- 越流管の管端開口部には金網（防虫網）などを設けます
  ※高置水槽も同様です。
- 底部には吸込みピットを設け，ピットに向かって $\dfrac{1}{100}$ 程度の勾配をつけます。

受水槽
図はP256を参照してください。
受水槽の出口には地震時を考慮して緊急遮断弁を設置します。

FRP製受水槽
ガラス繊維強化プラスチック製（Fiber glass Reinforced Plastic）の受水槽です。

フレキシブルジョイント
伸縮可とう継手です。

越流管
オーバーフロー管ともいいます。

2 吐水口空間

　給水栓の吐水口端とあふれ縁との鉛直距離（垂直距離）をいいます。

　逆サイホン作用の防止には，吐水口空間の確保が有効です。

　給水栓にホースを設置して使用する場合は，吐水口空間が保てないので，バキュームブレーカを取り付けます。

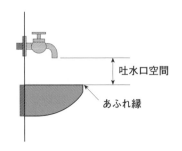

3 バキュームブレーカ

　給水管内に生じた**負圧**に対して**自動的に空気を補充**する装置です。**大便器洗浄弁やハンドシャワー**に取り付けられています。

　バキュームブレーカは，圧力式と大気圧式があり，圧力式は，常時水圧のかかる配管部分に設けられ，大気圧式は，かからない箇所に設けられます。

　いずれの場合も，器具のあふれ縁より上部に設置する必要があります。

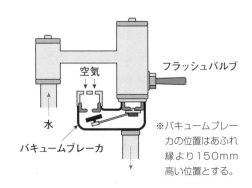

4 ウォータハンマ

　給水管（横管）を流れる水の速さは，0.9〜1.2m/s程度が理想です。

　管内流速が2.0m/sを超えてくると，ウォータハンマが起こる危険性が高くなるため，管内流速は2.0m/s以下となるようにします。

　揚水管を上層階で横引きすると，ポンプ停止時に重力で下に向かう水と慣性で横に向かう水に分かれます。これを水柱分離といい，負圧を生じ

ウォータハンマとなります。これを防止するため，下層階で横引きします。

揚程が30mを超える場合，揚水ポンプ吐出側の逆止め弁は，衝撃吸収式にするなどの工夫も大切です。

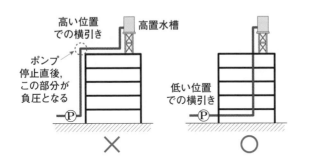

補足

逆サイホン作用
給水管内に生じた負圧（大気圧より低い圧力）により，水受け容器に溜まった水が給水管内に吸引される現象です。

バキュームブレーカ
バキューム＝真空
ブレーカ＝阻止

3
給水設備

過去問にチャレンジ！

問1 　　　　　　　　　　　　　　　　　　　　　難｜中｜**易**

給水設備に関する記述のうち，適当でないものはどれか。

(1) 受水タンクの上にやむを得ず排水管を通す場合，配管の下に受け皿を設置し，受水タンクとの空間を1m確保する。

(2) 圧力式のバキュームブレーカは，常時水圧のかかる配管部分に設けられる。

(3) 洗面器の吐水口空間とは，給水栓の吐水口端とあふれ縁との鉛直距離をいう。

(4) ウォータハンマ防止などのため，給水管内の流速は，一般に，4.0m/s以下とする。

解 説

　給水管（横管）の最適流速は0.9〜1.2m/sであり，ウォータハンマを防止するためには，2.0m/s以下にする必要があります。

解 答 (4)

113

4 給湯設備

まとめ & 丸暗記　この節の学習内容とまとめ

- [ ] 給湯方式

方式	規模	管理	設備費
中央式	中・大規模	易	高
局所式	小規模	数があると難	安

- [ ] **中央式給湯**：加熱装置（ボイラ），貯湯槽（ストレージタンク）
- [ ] **レジオネラ属菌**：熱に弱く，55℃以上で死滅
- [ ] **瞬間式ガス湯沸器**
   1号：1Lの水を1分間に25℃上昇させる能力
- [ ] **膨張タンク**：開放式膨張タンク，密閉式膨張タンク
- [ ] **開放式膨張タンクの有効容量**

   時間最大予想給湯量の$\frac{1}{3}$〜1倍の補給水量を給湯装置内の水の

   膨張量に加算
- [ ] **逃し管**：単独で立ち上げ，途中に止水弁を設けない
- [ ] 返湯管（へんとうかん）の管径：給湯管の$\frac{1}{2}$程度

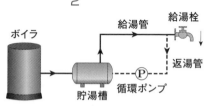

- [ ] 循環ポンプの循環流量　$V = \dfrac{Q}{T_1 - T_2}$

V：循環ポンプの循環流量　　Q：循環経路の配管および機器からの熱損失
T_1：給湯温度　　T_2：返湯温度

給湯方式

1 中央式給湯

　機械室などに加熱装置（ボイラ）を設け，貯湯槽（ストレージタンク）を経て給湯管により各所へ湯を供給する方式です。多量の湯を必要とし，給湯箇所が多いホテル，病院，大規模ビルなどで採用されます。管理しやすい反面，設備費は高くなります。

　中央式給湯には，**直接加熱式**と間接加熱式があります。

　中央式給湯配管内の給湯温度は，レジオネラ属菌の増殖を防止するため，貯湯温度を60℃，給湯温度を55℃以上とします。レジオネラ属菌は熱に弱く，55℃以上で死滅するので，温度管理が重要です。

2 局所式給湯

　湯を使用する場所またはその近くに**湯沸器**を置いて，個別に湯を出す方式です。給湯箇所が少ない場合には，少ない設備費で必要温度の湯を比較的簡単に供給できますが，供給箇所が多くなると維持管理が煩雑となります。瞬間湯沸器を複数台ユニット化し，大能力を出せるようにしたマルチタイプのものもあります。

　一般家庭で，住戸セントラル給湯に使用する**瞬間式ガス湯沸器**は，冬期におけるシャワーと台所において湯の同時使用に十分に対応するためには，24号程度の能力が必要です。

補足

レジオネラ属菌
土や塵にまぎれて冷却搭水に混入し，増殖します。この飛沫を吸入した場合，抵抗力や免疫力が低下した人に感染し，肺炎を起こします。通常の残留塩素により死滅します。

ガス湯沸器の号数
1号は，1Lの水を1分間に25℃上昇させる能力です（約1.74KWに相当）。24号は，24Lの水を1分間に25℃上昇させます。

貯湯槽から上向きに給湯するのが上向き配管で，下向きに給湯するのが下向き配管です。

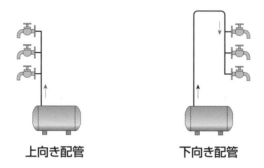

上向き配管　　　　　下向き配管

過去問にチャレンジ！

問1　　　　　　　　　　　　　　　　　　難　**中**　易

給湯設備に関する記述のうち，適当でないものはどれか。

(1) 瞬間湯沸器を複数台ユニット化し，大能力を出せるようにしたマルチタイプのものがある。
(2) 中央式給湯の給湯温度は，レジオネラ属菌の増殖を防止するため，50℃とした。
(3) 中央式給湯管の循環湯量は，一般に，給湯温度と返湯温度の差並びに循環経路の配管および機器からの熱損失より求める。
(4) 給湯管は，配管内のエアを排除してから循環させる下向き供給方式とした。

解 説

給湯温度は，55℃以上とします。

解 答　(2)

給湯設備

1 給湯の全体図

開放式膨張タンクを用いた中央式給湯の例です。

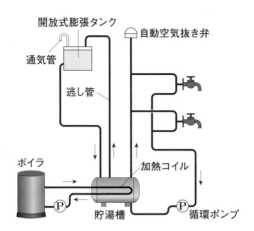

補足

貯湯槽
保守点検を考慮し，周囲は45cm以上あけ，加熱コイル引抜きスペース等も確保します。

ボイラ
伝熱面積が30m²以下の小型貫流ボイラ，真空式温水発生機の運転には資格不要です。

2 膨張タンク

開放式膨張タンクと密閉式膨張タンクがあります。

開放式膨張タンクの有効容量は，一般に，時間最大予想給湯量の

$\dfrac{1}{3}$ ～1倍の補給水量を

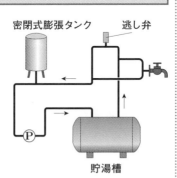

膨張タンク
膨張水槽ともいいます。開放式は最上部にある給湯管よりも高い位置に設置します。

有効容量
貯湯可能な，実質のタンク容量です。

給湯装置内の水の膨張量に加算します。

密閉式膨張タンクは，空気の圧縮性を利用して膨張分を吸収しますが，内部圧力は上昇するので，逃し弁

逃し弁
安全弁ともいいます。

などの安全装置が必要です。

3 逃し管

　膨張した湯を逃すために設ける配管で，ボイラなどの加熱装置から膨張タンクまで単独で立ち上げます。常時湯が噴き出ない高さまで立ち上げ，途中に止水弁を設けることはできません。

4 逃し弁

　ボイラや膨張タンクの圧力が上昇したとき，あらかじめ設定した圧力になるとスプリングにより押さえつけられていた弁体が開く構造のものをいいます。圧力を逃すと弁が閉じます。

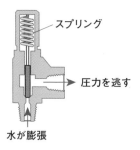

スプリング

圧力を逃す

水が膨張

5 返湯管

　連続的に湯を使用するところでは，ほとんど温度低下の心配はありませんが，使用量が少ない場合，末端の給湯栓で湯が冷めるため，返り管を設けて湯を循環させ温度低下を防ぎます。この配管を返湯管（へんとうかん）といいます。

　返湯管の管径は，一般に，給湯管の $\frac{1}{2}$ 程度とし，循環流量から管内流速を確認して決定します。

　給湯配管に銅管を用いる場合，かい食を防止するために管内流速を1.5m/s以下にする必要があります。

6 循環ポンプ

返湯管の途中に設けます。

　循環ポンプの揚程は，**摩擦損失水頭がもっとも大き
い循環管路における摩擦損失水頭**から算定します。

　また，循環流量は次の式で算定します。

$$V \fallingdotseq \frac{Q}{T_1 - T_2}$$

V：循環ポンプの循環流量　Q：循環経路の配管および機
器からの熱損失　T_1：給湯温度　T_2：返湯温度

補足

かい食
流速の早い箇所で発生
する腐食と摩耗のこと。
銅管特有の現象です。

揚程
揚水する高さのこと。

摩擦損失水頭
配管内を流れる流体が
受ける摩擦損失を水頭
〔m〕で表したものです。

過去問にチャレンジ！

問1　　　　　難　中　易

給湯設備に関する記述のうち，適当でないものはどれか。

(1) 密閉式膨張タンクは，空気の圧縮性を利用して膨張分を吸収するた
め，安全装置を設けなくてもよい。

(2) 開放式膨張タンクが補給水槽を兼ねる場合の有効容量は，一般に，
給湯装置内の水の膨張量に時間最大予想給湯量の$\frac{1}{3}$〜1倍を加えた容
量とする。

(3) 給湯配管に銅管を用いる場合は，かい食を防止するために管内流速
を1.5m/s以下にする。

(4) 逃し管は，給湯ボイラより単独配管として立ち上げ，止水弁を設け
てはならない。

解説

　密閉形膨張タンクの内部は圧力が高くなるので，逃し弁などの安全装置を設
けます。

解答　(1)

5 排水・通気設備

まとめ & 丸暗記　この節の学習内容とまとめ

☐　排水の種類：汚水，雑排水，雨水，特殊排水

☐　トラップ

目的	・臭気防止 ・害虫侵入防止
封水深さ	5〜10cm
その他	・二重トラップ（ダブルトラップ）禁止 ・器具排水口〜トラップウェア間60cm以下

☐　排水槽

底部の勾配	$\dfrac{1}{15} \sim \dfrac{1}{10}$
水中ポンプ周り	20cm以上の間隔

☐　通気管　　①伸頂通気管　②各個通気管　③ループ通気管　など

☐　通気管の開口

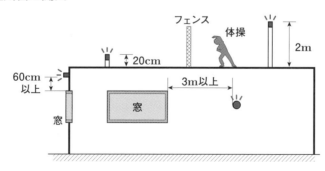

排水設備

1 排水の種類

①汚水

トイレ（大小便器）から流される屎尿です。

②雑排水

風呂（浴槽），洗面所（洗面器），台所（流し台）などからの排水です。

③雨水

降雨による水です。屋根面と舗装した駐車場の雨水は再利用できます。

④特殊排水

工場からの廃液や病院の放射性物質などを含んだ排水です。有毒，危険であり，一般の排水管には流せません。

2 トラップ，阻集器

排水管の途中や衛生器具の内部（作り付けトラップ）に設けたもので，一定の水が溜まる構造になっています。臭気や害虫などが侵入するのを防ぐ働きがあります。

水で封じた部分を封水といい，一般のトラップでは原則として，封水深さは5～10cmとしますが，特殊な用途の場合には10cmを超えるものもあります。

補足

封水深さ
トラップの封水深さとは，ウェアとディップとの間の垂直距離をいいます。

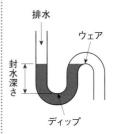

トラップは1つの系統で2個設けることはできません。2個以上設けることを二重トラップ（ダブルトラップ）といい，**禁止**されています。2つのトラップの間の空気がクッションになり，**流れが阻害される**からです。

Sトラップ　　　　　Pトラップ　　　　　ドラムトラップ

SトラップやPトラップは，サイホン式トラップでトラップ内の**自掃作用**があります。

ドラムトラップは，サイホン式トラップに比べて**脚断面積比**が大きいので，**破封しにくい**トラップです。

自己サイホン作用を防止するため，器具排水口からトラップウェアまでの垂直距離は**60cm以下**とします。

なお，大便器の排水トラップの口径は，一般に**75mm**です。

阻集器は，排水の中に下水に流してはいけないものを含んでいるとき，これを流さないようにする機器です。**オイル阻集器，グリース阻集器，ヘア阻集器**などがあります。

阻集器にはトラップ機能を併せ持つものが多いので，器具トラップを設けると，**二重トラップになるおそれ**があります。

3　排水工事

①オフセット

排水立て管の位置を平行移動するために，ベンド継手などで構成される配管の移行部分を**オフセット**といいます。

$\theta \leqq 45°$のオフセットは，**立て管**とみなします。

45度を超えるオフセットは，**横管**とみなしま

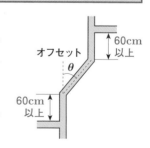

す。

　排水立て管に45度を超えるオフセットを設ける場合，オフセットの上部および下部60cm以内には，原則として排水横枝管を接続できません。曲がりのきつい部分に枝管を接続すると，流れが阻害されるおそれがあるためです。

②ブランチ間隔

　汚水または雑排水の立て管に接続する排水横枝管の垂直距離の間隔のことで，2.5mを超える場合を1ブランチ間隔といいます。

排水立て管

排水横枝管

2.5mを超える

2.5mを超える

ブランチ間隔

③排水口空間

　貯水槽，水飲み器，空調機などからの排水は，直接排水管に接続しないで，水受け容器を設けて排水します。その垂直距離を排水口空間といいます。たとえば，飲料用水槽に設ける間接排水管の排水口空間は，最小15cmです。

④掃除口

　排水管の汚れ，詰まりなどを取り除くためのものです。排水の流れと反対または直角方向に開口するように設けます。排水横枝管および排水横主管の起点部には，掃除口を設けます。

　排水管の管径と掃除口の大きさおよび設置間隔は，次ページの表のとおりです。

補足

脚断面積比
流出脚の面積
流入脚の面積

5
排水・通気設備

自己サイホン
器具からの排水によって，トラップおよびトラップ以降の排水管がサイホンを形成し，トラップ内の封水を吸引してトラップの機能を失うことです。

サイホン式トラップ
Sトラップ，Pトラップ，Uトラップなど，名前にアルファベットの付いたトラップ。Sトラップは封水切れしやすいトラップです。

トラップウェア
トラップのウェアのことで，排水管において，封水が排水され始める位置です。
121ページの補足の図参照。

オイル阻集器
ガソリンなどを排水しないためのもので，洗車時のワックスなども流下させないものが求められます。

排水管の管径	掃除口の大きさ	掃除口の設置間隔
10cm以下	排水管の管径と同じ	15m以内
10cmを超える	10cm以上	30m以内

⑤管径と勾配

排水管の管径は，最小3cmです。また，勾配は下の表のとおりです。

排水管の管径	勾配
6.5cm以下	1/50
7.5～10cm	1/100
12.5cm	1/150
15cm以上	1/200

⑥合流

排水横枝管を合流させる場合は，45度以内の鋭角をもって水平に近い勾配で接続します。

建物の階層が多い場合，同一排水立て管系統の最下階の排水横枝管は，直接その系統の立て管に接続させず，単独で排水枡まで配管するか，または排水横主管上で排水立て管から十分に距離を確保して合流させます。

4 排水槽

流入汚水量の変動が大きい排水槽は，最大排水流量の30分間程度の容量とします。

①排水槽の底部

吸込みピットに向かって $\frac{1}{15}$ ～ $\frac{1}{10}$ の勾配をつけます。汚水を流れやすくするためです。

②吸込みピット

　フート弁や水中ポンプの吸込み部の周囲および下部に，20cm以上の間隔をもたせることができる大きさとします。吸込みを円滑にするためです。

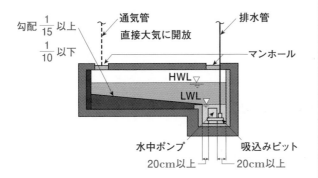

③マンホールの大きさ

　直径60cm以上の円が内接することができるものとします。排水ポンプやフロートスイッチなどが見えやすく，容易に近づいて作業できる位置に設けます。

④排水槽の通気管

　最小管径は5cmとし，単独で大気に開放します。他の通気管と兼用できません。

5 排水ポンプ

①汚物ポンプ

　大便器からの排水や，厨房からの固形物を含んだ排水を吸い込むポンプです。固形物を多く含んだ排水を揚水するので，それに適したブレードレス形ポンプ，ボルテックス形ポンプなどを用います。

5
排水・通気設備

125

②雑排水ポンプ

中小固形物を含んだ排水が対象です。

③汚水ポンプ

地下からの湧水，空調機器からの排水など比較的固形物の少ない排水に用いられます。排水量がほぼ一定の場合は，ポンプ容量は，平均排水量の1.2～1.5倍程度とします。

過去問にチャレンジ！

問1　　　　　　　　　　　　　　　　難　**中**　易

排水ポンプおよび排水槽に関する記述のうち，適当でないものはどれか。

(1) 排水量がほぼ一定の場合は，ポンプ容量は，平均排水量の1.2～1.5倍程度とする。

(2) 汚水ポンプは，地下からの湧水，浸透水，空調機器からの排水など比較的固形物の少ない排水に用いられる。

(3) 排水槽の底部は，吸込みピットに向かって $\dfrac{1}{150}$ ～ $\dfrac{1}{100}$ の勾配をつける。

(4) 吸込みピットは，フート弁や水中ポンプの吸込み側の周囲および下部に20cm以上の間隔をもたせた大きさとする。

解　説

排水槽の底部は，汚水が流下しやすいよう，吸込みピットに向かって $\dfrac{1}{15}$ ～ $\dfrac{1}{10}$ の急勾配をつけます。

解　答　(3)

通気設備

1 通気管の種類

通気管は，排水管の流れを円滑にし，臭気を大気に開放するものです。

①伸頂通気管

排水立て管の頂部をそのまま延長し，大気に開放した通気管です。管径は原則として，排水立て管と同じ管径とします。

②各個通気管

各トラップに通気管を設けて通気横管に接続し，通気立て管または伸頂通気管に接続する方式です。

通気管の取出し位置は，トラップウェアから管径の2倍以上離れ，かつ，低くない位置とします。自己サイホンの防止に有効です。

管径は，それが接続される排水管の管径の$\frac{1}{2}$以上とします。

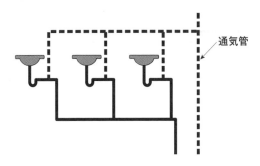

補足

通気管の管径
排水管に設ける通気管の最小管径は3cmとし，排水槽の通気管は，最小管径を5cmとします。直接単独で大気に衛生上有効に開放します。

5

排水・通気設備

127

③ループ通気管

最上流に設置した器具の排水管が，排水横枝管に接続した点のすぐ下流から立ち上げて通気します。

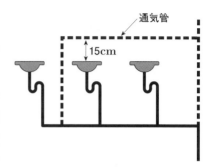

これは，通気取出し箇所に滞留した汚物を，最上流の器具の排水により流すためです。また，排水横枝管の鉛直線から45度以内の角度で取り出して立ち上げます。

管径は，排水横枝管と通気立て管の管径のうち，いずれか小さいほうの $\frac{1}{2}$ 以上とします。

排水器具が8個以上の場合，末端器具の排水横枝管からループ通気管まで，**逃し通気管**を接続します。

④結合通気管

高層ビルでは排水立て管が長くなり，管内部で圧力変動が生じます。これを緩和するために，排水立て管と通気立て管を連結する管です。

管径は，通気立て管と排水立て管の管径のうち，いずれか小さいほうの管径以上とします。

ブランチ間隔10以上をもつ排水立て管は，最上階から数えてブランチ間隔10以内ごとに**結合通気管**を設けます。

2 通気管の立上げ

通気管の末端は，隣接建物の窓などの開口部の頂部より60cm以上立ち上げるか，またはそれらの開口部より水平に3m以上離します。

屋上で開口する場合は，通気管の末端を屋根から20cm以上立ち上げます。

屋上を物干場などで使用するときは，屋上面から2m立ち上げます。

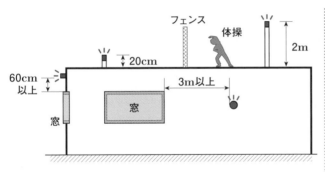

補足

逃し通気管

排水や通気を効果的に行うため設ける補助的な通気管です。排水立て管と通気立て管を連結したものを，特に結合通気管といいます。さらに，排水横枝管とループ通気管を連結するものなどがあります。

過去問にチャレンジ！

問1   難 **中** 易

通気管に関する記述のうち，適当でないものはどれか。ただし，通気管内の空気が屋内に漏れることを防止する装置（通気弁）が設けられていないものとする。

(1) 通気立て管の下部は，管径を縮小せずに，最低位の排水横枝管より低い位置で排水立て管に接続するか，または排水横主管に接続しなければならない。

(2) 通気管の管径は，通気管の長さと，排水管の管径および受け持つ器具排水負荷単位数の合計により求めた。

(3) 通気管の末端は，隣接建物の窓などの開口部の頂部より少なくとも60cm以上立ち上げることができなければ，それらの開口部より水平に3m以上離すことができればよい。

(4) 物干場に使用される屋上に設ける通気管は，その末端を屋上面から60cm立ち上げた。

解 説

物干場に使用される屋上に設ける通気管は，その末端を屋上面から2m立ち上げます。使用しない屋上なら20cmの立ち上げです。

解 答 (4)

6 消火

　この節の学習内容とまとめ

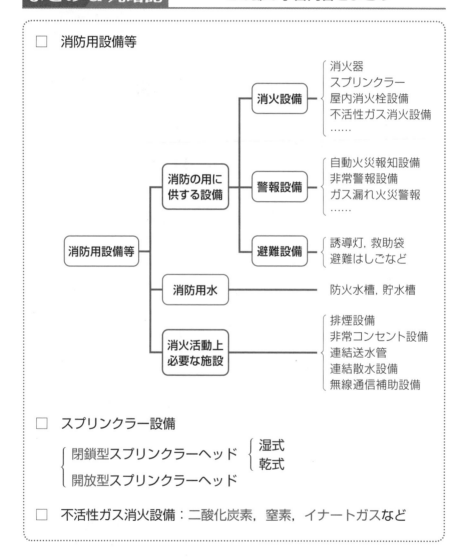

☐　消防用設備等

- 消防用設備等
  - 消防の用に供する設備
    - 消火設備
      - 消火器
      - スプリンクラー
      - 屋内消火栓設備
      - 不活性ガス消火設備
      - ……
    - 警報設備
      - 自動火災報知設備
      - 非常警報設備
      - ガス漏れ火災警報
      - ……
    - 避難設備
      - 誘導灯, 救助袋
      - 避難はしごなど
  - 消防用水
    - 防火水槽, 貯水槽
  - 消火活動上必要な施設
    - 排煙設備
    - 非常コンセント設備
    - 連結送水管
    - 連結散水設備
    - 無線通信補助設備

☐　スプリンクラー設備

- 閉鎖型スプリンクラーヘッド　湿式／乾式
- 開放型スプリンクラーヘッド

☐　不活性ガス消火設備：二酸化炭素, 窒素, イナートガスなど

消火原理と設備

1　消防用設備等

　消防法によれば，消防用設備等は，大きく3つに分類されます。

　(a) 消防の用に供する設備

　(b) 消防用水

　(c) 消火活動上必要な施設

　さらに (a) は，消火設備，警報設備，避難設備に分類されます。

2　消火原理

　燃焼の必要条件は，燃えるものがあること，熱源があること，酸素があることの3つです。これを燃焼の3要素といいます。どれか1つ欠けると燃焼は継続しないことになります。

● 除去効果：燃えるもの（可燃物）を除去します。

● 冷却効果：燃焼温度，発火温度を下げます。

● 窒息効果：酸素濃度を15％程度以下にします。

　実際の消火設備では，複数の効果により消火を確実にしている設備もあります。

　以下は消火設備の消火原理です。

● 不活性ガス消火設備：不活性ガスを放出して酸素の容積比を低下させ，窒息効果により消火します。

● 水噴霧消火設備：水を霧状に噴霧し，酸素の遮断による窒息消火と水滴の熱吸収による冷却効果で消火

補足

消防用設備等
「消防の用に供する設備」を「消防用設備」といいます。ほかの設備を含めて，「等」がつきます。なお，消火設備は，法規の「消防法」に関する問題でも出題されます。

消火活動上必要な施設
消防隊の行う消火活動を支援する施設です。

不活性ガス
化学反応を起こしにくい気体です。

6
消火

を行います。

- 泡消火設備：泡消火薬剤を放射し，泡で燃焼物を覆い，冷却作用および窒息作用により消火を行います。
- 粉末消火設備：粉末消火剤を放射し，可燃物と空気を遮断する窒息作用と熱吸収による冷却作用で消火を行います。

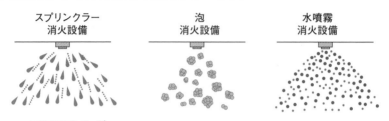

スプリンクラー消火設備 　　泡消火設備 　　水噴霧消火設備

※詳細は次ページ

過去問にチャレンジ！

問1　　　　　　　　　　　　　　難　中　易

消火設備の消火原理に関する記述のうち，適当でないものはどれか。

(1) 泡消火設備は，泡消火薬剤を放出し，薬剤の化学反応により消火するものである。

(2) 水噴霧消火設備は，水を霧状に噴霧し，燃焼面を覆い，酸素を遮断するとともに，霧状の水滴により熱を吸収する冷却効果により消火するものである。

(3) 不活性ガス消火設備は，不活性ガスを放出し，主として酸素の容積比を低下させ，窒息効果により消火するものである。

(4) 粉末消火設備は，消火剤が燃焼反応の継続を抑制する効果，可燃物と空気を遮断する窒息作用，熱吸収の冷却作用により消火するものである。

解説

泡消火設備は，泡消火薬剤を放射し，泡で燃焼物を覆い，冷却作用および窒息作用により消火を行います。

解答 (1)

消火設備など

1 スプリンクラー設備

　スプリンクラーは，天井に設置し，火災が小規模なうちに消火する自動散水式の設備です。ヘッドが大気に開放されている開放型と，開放されていない閉鎖型があります。劇場の舞台部に設置するスプリンクラーヘッドは，開放型とします。予作動式スプリンクラー設備のスプリンクラーヘッドは，閉鎖型とします。

　閉鎖型は，ヘッドが充水している湿式と圧縮空気の乾式があります。凍結のおそれがある場所には乾式を設置します。

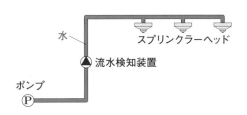

閉鎖型スプリンクラー

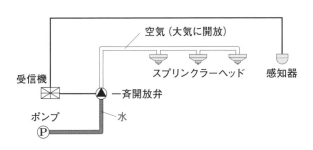

開放型スプリンクラー

補足

泡消火薬剤
泡の中に空気や二酸化炭素を入れて薬剤としたものです。

粉末消火剤
炭酸水素ナトリウムなどを主成分とした薬剤です。

6
消火

予作動式スプリンクラー
火災感知器が火災を感知し，スプリンクラーのヒューズが溶断したとき，散水する方式です。非火災時の誤作動を防止する目的で設置します。

スプリンクラーヘッド
一般に，標準型ヘッドを耐火建築物に設置する場合の有効散水半径は，2.3mです。給排気用ダクトで幅が1.2mを超える場合，その下面にも設けます。

2 不活性ガス消火設備

化学反応をほとんど起こさないガスを用いて，消火する設備です。

常時人がいない場所を除いて，原則，手動でガスを対象の区画内（防護区画）に放射します。起動装置のボタンを押すと，防護区画のシャッターが閉じられ，換気装置が停止し，一定時間後にガスを放射する仕組みです。

起動装置の操作部は，床面から0.8m以上，1.5m以下に設置します。

二酸化炭素を放射する消火設備は手動式とし，窒素，イナートガス（IG-55，IG-541）を放射する設備は自動式とします。施設管理者は，放出された消火剤および燃焼ガスを安全な場所に排出するための措置を講じます。

貯蔵容器は，40℃以下で温度変化が少なく，直射日光および雨水のかかるおそれの少ない場所に設けます。

非常電源として自家発電設備，蓄電池設備等を設け，1時間有効に作動できるものとします。

3 連結散水設備

連結散水設備は消火設備ではなく，連結送水管と同様に「消火活動上必要な施設」に分類されています。

地階の床面積の合計が700m²以上の建物に設置します。連結散水設備の送水口のホース接続口は，散水ヘッドが5個以上の場合，双口形のものとします。

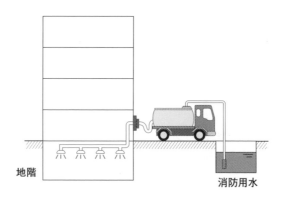

地階　　　　　　　　　　　　　　　消防用水

なお，双口形とは送水口が2つあるものです。

補足

イナートガス
IG-55は窒素：アルゴン＝5：5で，IG-541は窒素：アルゴン：二酸化炭素≒5：4：1です。

6 消火

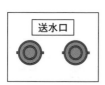

埋込み式双口形

スタンド式双口形

過去問にチャレンジ！

問1 　　　　　　　　　　難　**中**　易

スプリンクラー設備に関する記述のうち，誤っているものはどれか。

(1) 予作動式スプリンクラー設備のスプリンクラーヘッドは，開放型とする。

(2) 凍結のおそれがある場所に設置するスプリンクラー設備は，乾式とし，スプリンクラーヘッドは閉鎖型とする。

(3) 閉鎖型スプリンクラーヘッドのうち標準型ヘッドは，給排気用ダクトで幅が1.2mを超えるものがある場合には，その下面にも設けなければならない。

(4) 劇場の舞台部に設置するスプリンクラーヘッドは，開放型とする。

解 説

　水損事故で商品などに大きな損害が出るのを防止するため，スプリンクラーのほかに熱感知器を設け，両方が作動したときに放水するものを予作動式といいます。スプリンクラー設備のスプリンクラーヘッドは，開放型ではなく閉鎖型とします。

解 答 (1)

7 ガス

まとめ & 丸暗記　　この節の学習内容とまとめ

☐ **LPG，LNGの比較**

ガスの種類	主成分	重さ （空気との比較）
液化石油ガス （LPG）	プロパン プロピレン	重い
液化天然ガス （LNG）	メタン	軽い

☐ 液化石油ガス（LPG）：プロパン，プロピレンの含有率が高い順に「い号」，「ろ号」，「は号」

☐ 都市ガスの分類

ウォッベ指数と燃焼速度により，7つのグループに分類
燃焼速度はA，B，Cに分類，Cがもっとも速い

☐ ガス漏れ警報器の検知部

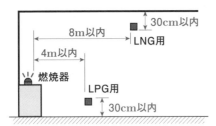
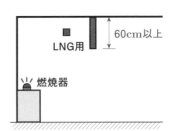

ガスの種類

1 ガスの種類

ガスは次の種類に分類されます。

①液化石油ガス（LPG）

プロパン，プロピレン，ブタンなどを主成分とした，加圧して液化されたガスです。

一般住戸では，プロパンガスなどはボンベにより供給されます。大規模になると導管での供給もあります。

大量に消費する場合，ベーパライザ（気化装置）の電熱，温熱作用で，液化しているガスを強制的に気化します。

ボンベ（ガス容器）は次の点に留意して設置します。

- 40℃以下の場所に置く。
- **20L以上の容器は，原則として屋外に置く。**

「液化石油ガスの保安の確保及び取引の適正化に関する法律」上，液化石油ガスの規格は，プロパンおよびプロピレンの含有率により「い号」，「ろ号」，「は号」に区分されます。「い号」がプロパン，プロピレンの含有率がもっとも高く，次に「ろ号」，「は号」の順です。

また，配管は0.8MPa以上で行う耐圧試験に合格したものを使用し，圧力調整器でボンベ内の圧力を下げて燃焼器具に供給します。

補足

液化石油ガス
LPG：Liquefied Petroleum Gas

い号
一般消費者等に流通しているのは，これが多いです。

液化天然ガス
一般消費者等に流通しているのは，これが多いです。

化学式
プロパン（C_3H_8）
プロピレン（C_3H_6）
メタン（CH_4）
炭化水素（炭素，水素原子からなる化合物）の仲間です。

圧力調整器
生活の用に供する設備では，出口の圧力を2.3〜3.3kPaになるように調整します。

②液化天然ガス (LNG)

メタンを主成分とする天然ガスを冷却して液化したガスです。

一般に，ガスタンクから配管により供給されます。

なお，**都市ガス**とは液化天然ガスをはじめとする各種ガスを混合し，主に都市地域へ供給するものをいいます。

常温，常圧で気化した状態のLNGの比重は，同じ状態のLPGの比重より小さくなります。

LNGは，無色・無臭の液体であり，硫黄分やその他の不純物は含みません。また，通常一酸化炭素は含まれておらず，燃焼時は，灯油に比べ発熱量当たりの二酸化炭素の発生も少なくなります。

2 発熱量と圧力

ガスの**発熱量**とは，標準状態のガス$1\,m^3(N)$ が完全燃焼したときに発生する熱量をいい，一般に，**高発熱量**〔$kJ/m^3(N)$〕で表します。

都市ガスは圧力により3種に分けられます。

種類	圧力
高圧	1MPa以上
中圧	0.1MPa以上1MPa未満
低圧	0.1MPa未満

3 ウォッベ指数

都市ガスは，**ウォッベ指数**（WI）と**燃焼速度**により，7つのグループ（13A，12A，6A，5C，L1，L2，L3）に分類されます。ウォッベ指数（WI）は次の式で得られます。

$$WI = \frac{H}{\sqrt{d}}$$

H：$1\,m^3$当たりの熱量〔MJ/m^3〕，d：空気に対する比重（空気を1とする）

　ガス事業法により，同じグループ内であれば，同一のガス器具が使用できるようになっています。

　燃焼速度はA，B，Cに分けられ，Aがもっとも遅くCがもっとも速くなります。

　たとえば，都市ガスのグループ「13A」はウォッベ指数が13（発熱量はもっとも大きい）で，燃焼速度がA（燃焼速度はもっとも遅い）だということを指しています。

補足

ガスの発熱量
低発熱量に水蒸気の蒸発熱を含めたものが高発熱量です。

ガスの圧力
中圧をしっかり暗記しましょう。

7
ガス

過去問にチャレンジ！

| 問1 | 難 **中** 易 |

　ガス設備に関する記述のうち，適当でないものはどれか。

(1) 供給ガスの発熱量は，一般に，低発熱量に蒸発熱を含めた高発熱量で表される。

(2) 都市ガスの種類で，A呼称のガスは，LPGまたはLNG主体の製造ガスである。

(3) LPGは，「液化石油ガスの保安の確保及び取引の適正化に関する法律」で，プロパン，プロピレンの含有率により「い号」，「ろ号」，「は号」に区別され，「は号」がもっともプロパン，プロピレンの含有率が高い。

(4) 都市ガスの種類は，燃焼速度およびウォッベ指数により分類される。

解 説

　プロパン，プロピレンの含有率がもっとも高いのは「い号」です。

解 答　(3)

ガス設備

1 ガス漏れ警報器

　ガスの漏れを検知して，警報を発する装置です。検知部の設置高さは，ガスが空気より重いか軽いかにより異なります。

①空気より重いガス

　液化石油ガス（LPG）は空気より重く，漏れたガスは床面から溜まります。設置基準は次のとおりです。

- 警報器（検知部の上端）は床面から30cm以内に設ける。
- 燃焼器から水平距離4m以内に設置する。

②空気より軽いガス

　液化天然ガス（LNG）は空気より軽く，それを主成分とした都市ガスの多くは天井に溜まります。

- ガス漏れ警報器は天井から30cm以内に設置する。
- 燃焼器からの水平距離8m以内に設置する。
- 天井面などが60cm以上突出した梁<small>はり</small>などで仕切られている場合は，燃焼器側に設置する。

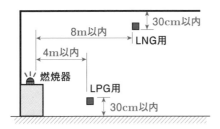

　3階以上の共同住宅にガス漏れ警報器を設置する場合，LNGを主体とする都市ガスの検知部は，周囲温度または輻射温度が50℃以上になるおそれ

140

のある場所には設けることはできません。

2 ガス機器

　潜熱回収型給湯器は，二次熱交換器に水を通し，燃焼ガスの顕熱および潜熱を活用することにより，水の予備加熱を行うものです。

　特定ガス用品の検査機関による認証の有効期間は，5年です。

補足

潜熱回収型給湯器
排ガスに含まれる水蒸気が，水に戻るときに放出される潜熱を熱回収する給湯器です。

二次熱交換器
燃焼後の排気ガスを利用して，水を予備加熱する装置です。

7
ガス

過去問にチャレンジ！

問1 　　　　　　　　　　　　　　　　　難　**中**　易

ガス設備に関する記述のうち，適当でないものはどれか。

(1) 潜熱回収型給湯器は，二次熱交換器に水を通し，燃焼ガスの顕熱および潜熱を活用することにより，水の予備加熱を行うものである。

(2) LPGのガス漏れ警報器の検知部は，ガス機器から水平距離が4m以内で，かつ，検知部の下端が天井面より30cm以内に設置しなければならない。

(3) 3階以上の共同住宅にガス漏れ警報器を設置する場合，LNGを主体とする都市ガスの検知部は，周囲温度または輻射温度が50℃以上になるおそれのある場所には設けてはならない。

(4) 特定ガス用品の検査機関による認証の有効期間は，5年である。

解 説

　LPGのガス漏れ警報器の検知部は，ガス機器からの水平距離が4m以内で，かつ，検知部の上端が床面より30cm以内に設置します。

解 答 (2)

8 浄化槽

まとめ & 丸暗記　　この節の学習内容とまとめ

- [ ] **浄化方式**
  生物膜法，活性汚泥法

- [ ] **比較表**

項目	生物膜法		活性汚泥法	
生物量の増減	困難	×	自由	○
低負荷時の処理	しやすい	○	しにくい	×
水量・負荷の変動	適	○	不適	×
余剰汚泥の発生	少ない	○	多い	×
維持管理	簡単	○	複雑	×

- [ ] **処理対象人員**

建築用途		処理対象人員	備考
戸建て住宅		5人または7人	延べ面積による
事務所	業務用厨房あり	0.075×延べ面積	
	業務用厨房なし	0.06×延べ面積	
劇場，映画館，集会場など		0.08×延べ面積	
医院，診療所		0.19×延べ面積	病院はベッド数
保育所，幼稚園，小・中学校		0.2×定員	

- [ ] **BOD除去率**

$$\text{BOD除去率}〔\%〕= (\text{流入水のBOD} - \text{流出水のBOD}) \times \frac{100}{\text{流入水のBOD}}$$

除去率 = 1 − (一次処理で除去できなかった率) × (二次処理で除去できなかった率)

汚水処理法

1 浄化槽の種類

◆浄化方式による分類

①生物膜法

　接触材の表面に微生物を付着・生成させ膜をつくります。その膜を生物膜といい，汚水中の有機物を吸着，分解します。散水ろ床方式，接触ばっ気方式などがあります。

②活性汚泥法

　汚水に空気を吹き込んだとき，好気性微生物が有機物を分解してできた固形物の集まり（フロック）を活性汚泥といいます。このフロックを沈殿させ，上澄み液を消毒して放流します。

　以下は，2つの浄化方式のおおまかな比較表です。

項目	生物膜法		活性汚泥法	
生物量の増減	困難	×	自由	○
低負荷時の処理	しやすい	○	しにくい	×
水量・負荷の変動	適	○	不適	×
余剰汚泥の発生	少ない	○	多い	×
維持管理	簡単	○	複雑	×

◆構造による分類

①単独処理浄化槽

　トイレからの屎尿(しにょう)（汚水）だけを処理する浄化槽です。

②合併処理浄化槽

屎尿と生活雑排水を併せて処理する浄化槽で，新設はこのタイプです。

いずれの浄化槽でも，厨房汚水の割合が多い場合は，厨房系統の排水を油脂分離装置で前処理した後に浄化槽に流入させます。

なお，病院の臨床検査室，放射線検査室，手術室の排水は，浄化槽に流入させることはできません。

2 処理対象人員

浄化槽の容量を計画する場合，処理対象人員を算定する必要があります。処理対象人員は，建築物の用途別に算定式が定められています。

主なものは下表のとおりです。

建築用途		処理対象人員	備考
戸建て住宅		5人または7人	延べ面積による※1
共同住宅		0.05×延べ面積	
事務所	業務用厨房あり	0.075×延べ面積	
	業務用厨房なし	0.06×延べ面積	
劇場，映画館，集会場など		0.08×延べ面積	
医院，診療所		0.19×延べ面積	病院はベッド数※2
保育所，幼稚園，小・中学校		0.2×定員	高校等は0.25×定員
公衆便所		16×総便器数	

※1　戸建て住宅は，延べ面積が130m² 以下は5人，130m² を超えると7人です。
※2　病院は，ベッド数によって乗数（掛ける数）が異なります。

このように，建築物の用途により延べ面積，定員，ベッド数など，算定基準が異なります。なお，用途の異なる2棟の建築物で共用する浄化槽を設ける場合の処理対象人員は，それぞれの建築用途の処理対象人員を加算します。

処理対象人員が30人以下の場合，浄化槽のフロー図は次のとおりです。

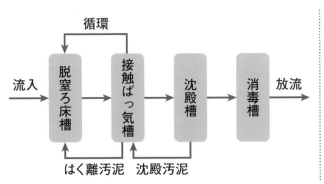

補足

油脂分離装置
油分を分離して，浄化
槽に流入させない装置
です。

延べ面積
建物の1階から最上階
までの床面積の合計で
す。単位は $[m^2]$ です。

過去問にチャレンジ！

問1　　　　　　　　　　　　　　　　難　**中**　易

　浄化槽の処理対象人員の算定に関する記述のうち，適当でないものは
どれか。

(1) 劇場・映画館の処理対象人員は，延べ面積により算定する。
(2) 戸建て住宅の処理対象人員は，住宅の延べ面積により5人または7
　　人に区分される。
(3) 事務所関係用途の処理対象人員は，業務用厨房設備の有無により，
　　算定基準が異なる。
(4) 用途の異なる2棟の建築物で共用する浄化槽を設ける場合の処理対
　　象人員は，延べ面積の大きいほうの建築用途の算定基準により算定す
　　る。

解 説

　用途の異なる2棟の建築物で共用する浄化槽を設ける場合，処理対象人員
は，それぞれの建築用途の処理対象人員を加算します。

解 答 (4)

BODの計算

1 BOD除去率

浄化槽の流入水（汚水：BOD多い）と流出水（浄化された水：BOD少ない）を比較して、どれだけBODが除去されたかを計算します。

BOD除去率は、次の式で定義されます。

$$\text{BOD除去率}〔\%〕= \frac{\text{流入水の BOD} - \text{流出水の BOD}}{\text{流入水の BOD}} \times 100$$

例題で解き方を確認しましょう。

◆処理工程が複数の場合

例題1 排水処理施設の各処理工程におけるBOD除去率は、一次処理工程が20%、二次処理工程が90%であった。この施設全体のBOD除去率を求めなさい。

解説

流入 → ┌ 一次処理工程 ┐ ┌ 二次処理工程 ┐ → 流出
　　　　└（BOD除去率20%）┘ └（BOD除去率90%）┘

たとえば、100m^3が流入したとします。一次処理工程で処理できない割合は80%なので、$100 \times 80\% = 80\text{m}^3$が未処理となります。この$80\text{m}^3$が二次処理されますが、除去できない割合は10%なので、$80 \times 10\% = 8\text{m}^3$が処理できないことになります。したがって処理できたのは、$100 - 8 = 92\text{m}^3$です。

解答 92%

146

例題1は解説にあるとおり，除去できなかった率に着目しています。

次の公式で解くことができます。

$$除去率 = 1 - \binom{一次処理で除去}{できなかった率} \times \binom{二次処理で除去}{できなかった率}$$

上の式に当てはめると，

除去率 = $1 - 0.8 \times 0.1 = 0.92$ → 92% です。

補足

BOD
生物化学的酸素要求量（Biochemical Oxygen Demand）のことです。この量が多いと水質が汚れているという指標になります。

8
浄化槽

◆排水の種類が複数の場合

例題2 流入水および放流水の水量，BOD濃度が下表の場合，合併処理浄化槽のBOD除去率を求めなさい。

排水の種類		水量 (m³/日)	BOD濃度 (mg/L)
流入水	便所の汚水	100	260
	雑排水	300	180
放流水		400	10

解き方1

①便所の汚水は $100 \, [m^3/日] \times 260 \, [mg/L] = 26$ [kg/日] のBODを含んでいます。

②雑排水は $300 \, [m^3/日] \times 180 \, [mg/L] = 54$ [kg/日] のBODを含んでいます。

流入水のBODは，①，②より①＋②＝80 [kg/日] です。

一方，放流水は，$400 \, [m^3/日] \times 10 \, [mg/L] = 4$

単位換算
$1m^3 = 1000L$
$1g = 1000mg$
$[mg/L] = [g/m^3]$

〔kg/日〕です。

80 → 4となりました。76が除去されたので，BOD除去率は76÷80＝0.95
→ 95％です。

解き方2

流入水のBOD濃度＝(100×260＋300×180)÷(100＋300)＝200〔mg/L〕

したがって，BOD除去率＝$\dfrac{200-10}{200}$＝0.95 → 95％ です。

解答 95％

過去問にチャレンジ！

問1 難 **中** 易

流入水および放流水の水量，BOD濃度が下表の場合，合併処理浄化
槽のBOD除去率として，適当なものはどれか。

排水の種類		水量（m³/日）	BOD濃度（mg/L）
流入水	便所の汚水	60	250
	雑排水	240	150
放流水		300	17

(1) 80％

(2) 85％

(3) 90％

(4) 95％

解説

上記の【解き方2】で解いてみましょう。

流入水のBOD濃度＝(60×250＋240×150)÷(60＋240)＝170〔mg/L〕

したがって，BOD除去率＝$\dfrac{170-17}{170}$＝0.90 → 90％ です。

解答 (3)

第4章

設備機器
など

1 機器

まとめ & 丸暗記　　この節の学習内容とまとめ

☐ 冷凍機

名　称		特　徴
圧縮式	往復動	ルームエアコンなど小形空調機
	回転	中・大形空調機
	遠心	中・大形空調機　振動少
吸収式		圧縮機不要　運転音静　機器大

☐ 吸収式冷温水機
冷水と温水を発生，ボイラー技士資格不要

☐ ボイラ
①小型貫流ボイラ　　②鋳鉄製ボイラ　　③炉筒煙管ボイラ

☐ 冷却塔
①開放式（向流形・直交流形）　　②密閉式

☐ レンジ
レンジ＝入口水温－出口水温

☐ アプローチ
アプローチ＝出口水温－湿球温度

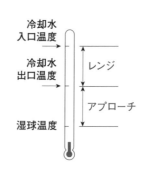

冷凍機・ボイラ

1 冷凍機の種類

◆圧縮式冷凍機

冷媒ガスを圧縮冷却して液化し，これを蒸発させて周囲から熱を奪う冷凍機です。次の方式があります。

①往復動式

圧縮機に往復動圧縮機を用いたもので，ルームエアコン，パッケージ形エアコンなど小形の空調機に使われています。

アンローダー機構により，段階的に容量制御ができます。

②回転式

回転運動により冷媒ガスを圧縮します。ロータリー冷凍機，スクロール冷凍機，スクリュー冷凍機などがあります。

冷房能力は，往復動式と遠心式の中間です。空気調和用の中・大容量の空気熱源ヒートポンプとして多く用いられています。

③遠心式

羽根車の回転による遠心力で圧縮する方式です。

往復動式のような往復動がないので振動は少ないものの，騒音はあります。中・大規模で，往復動式に比べ，容量制御が容易です。

補足

圧縮式冷凍機
冷凍サイクルについては，32ページを参照してください。

往復動式
シリンダー内のピストンを往復動させて，冷媒ガスを圧縮します。レシプロ式冷凍機ともいいます。

アンローダー
シリンダー頂部の吸込み弁を開き，ピストンが往復動しても冷媒ガスを圧縮しないことをいいます。過負荷を防止できます。

◆吸収式冷凍機

　水を冷媒とし，この水を蒸発させ，蒸発熱による温度低下で冷却します。冷媒である水は蒸発器で蒸発し，吸収器で臭化リチウム水溶液に吸収されます。

　冷凍の原理は次のとおりです。

①蒸発器で，水を蒸発させます。このとき冷凍作用があります。

②吸収器で，蒸発した水蒸気を吸収液（臭化リチウム）に吸収させます。

③再生器で，吸収液を加熱し水蒸気を放出させ吸収器に戻します。

④凝縮器で，再生器の水蒸気を液化し，蒸発器に送ります。

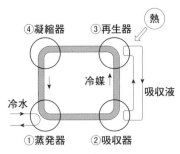

吸収式の冷凍サイクル

　簡単にいえば，水を蒸発させると蒸気圧が高くなり，蒸発が止まってしまいます。その蒸気を吸収液で吸収させます。そのうち吸収液が薄まってしまい吸収しなくなります。再生器で吸収液を加熱すると水蒸気を放出します。濃度を回復した吸収液は吸収器に戻します。水蒸気は凝縮器で冷却して水に戻し，蒸発器に送ります。

　つまり，冷媒である水は①〜④のすべてを循環して繰り返します。吸収液である臭化リチウムは，②と③を行ったり来たりします。

　圧縮機が不要のため，運転音は極めて静かで使用電力量も少なくて済みます。負荷変動に対し容量制御性に優れています。ただ，始動までに時間がかかり，定格能力に達するまでの時間は長くなります。

　形状が大きく重量があることから，広い設置スペースが必要です。

◆吸収式冷温水機

吸収式の冷凍サイクルで，冷媒（水）が水蒸気となり，これを水に戻す（凝縮する）ときに凝縮熱を生じます。この熱を温水として利用できるようにしたものです。

冷水と温水を発生できる装置であり，冷凍機としてだけではなく，ボイラの代わりにもなります。設置場所をとらないので，**中規模以下の建物では多く用いられています。**

二重効用形直だき吸収冷温水機は，高温再生器で発生した水蒸気で，低温再生器を加熱する構造です。二重効用形は，吸収液を濃縮する発生器が二段になっていて高効率です。

高温再生器内の圧力は，大気圧以下であり，ボイラおよび圧力容器安全規則の適用を受けません。したがって，**検査やボイラー技士資格が不要です。**

2 ボイラ

ガス，灯油，電気などで水を加熱し，蒸気や温水を発生する装置です。主なものは次のとおりです。

①小型貫流ボイラ

缶体はなく，長い水管に水が貫流する間に燃焼ガスにより加熱するものです。保有水量が少なく始動時間は非常に短いですが，**高度な水処理を要します。**

②鋳鉄製ボイラ

缶体は鋳鉄製のセクション（薄い箱型の部材）を5～20枚程度重ねたものです。鋳鉄製温水ボイラの最高使用圧力は，0.5MPa，温度は120℃以下です。

補足

吸収式冷凍機
冷媒は水であり，臭化リチウムではありません。臭化リチウムは吸収液であることに留意しましょう。

臭化リチウム
冷媒である水の蒸気を吸収する吸収材の一つです。

ボイラー技士資格
ボイラ伝熱面積の大きさにより，特級，1級，2級の資格があります。

ボイラ
一般に，労働安全衛生法の適用を受ける，加熱能力の大きいものをいいます。適用を受けないものは温水器といいます。

缶体
水を温める容器のこと。

鋳鉄製ボイラ
セクショナルボイラともいいます。

③炉筒煙管ボイラ

　缶体は円筒を横にした形で，その中に炉筒の燃焼室と燃焼ガスの通るいくつもの煙管があります。保有水量が多いので予熱時間が長くなります。

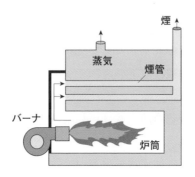

過去問にチャレンジ！

問1 　　　　　　　　　　　　　　　　難　中　易

　直だき吸収冷温水機に関する記述のうち，適当でないものはどれか。

(1) 二重効用形は，高温再生器内の圧力が大気圧以上であり，ボイラー関係法規の適用を受ける。

(2) 二重効用形は，高温再生器で発生した水蒸気で低温再生器を加熱する構造である。

(3) 冷媒である水は，蒸発器で蒸発し，吸収器で臭化リチウム水溶液に吸収される。

(4) 吸収冷凍機は蒸気または温水で加熱するが，直だき吸収冷温水機はガスなどの燃焼で加熱する。

解 説

　直だき吸収冷温水機は，圧力の高い高温再生器内においても大気圧以下であり，ボイラに該当しません。

解 答 (1)

冷却塔ほか

1 種類

冷却塔は，冷凍機の凝縮器で冷媒から熱を奪った冷却水の温度を下げる装置です。開放式冷却塔（後述）では、冷却水を水滴状にして落下させ，その一部を蒸発させて気化熱により温度を低下させます。冷却するといっても，湿球温度以下に冷却することはできません。次の方式があります。

①開放式

配管系統が大気に開放されています。向流形と直交流形があります。

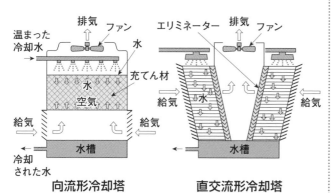

向流形冷却塔　　　直交流形冷却塔

②密閉式

冷却水をコイルに通し，冷却します。配管系統が大気に開放されておらず，密閉構造です。

送風機動力は開放式よりも大きくなります。

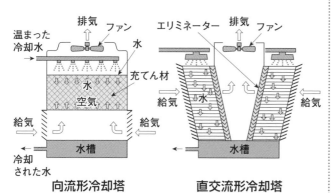

補足

冷却塔
クーリングタワーともいいます。

向流形，直交流形
滴下する水と外気を向かい合わせるのが向流形で，水滴に対して直角に外気を当てるのが直交流形です。

2 冷却塔に関する用語

①レンジ

冷却水の入口水温と出口水温との差をいいます。

レンジ＝入口水温－出口水温で計算します。一般に5℃前後です。

②アプローチ

冷却水の出口水温と冷却塔入口空気の湿球温度との差です。

アプローチ＝出口水温－湿球温度で計算します。

冷却水の出口水温は，外気の湿球温度より低くすることはできません。

③スケール

補給水中の硬度成分が濃縮し，塩類が析出したものです。ブローダウンなどにより発生を抑制できます。

④ブローダウン

冷却塔系統に濃縮した溶解物を吹き出し，新鮮な水を供給することをいいます。

⑤スライム

細菌などの微生物が土砂などを巻き込んで泥状塊となったものです。対策として，塩素系薬剤による殺菌が有効です。

⑥キャリオーバ

冷却塔内の微小水滴が，気流によって塔外へ飛散することをいいます。

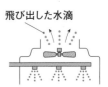

飛び出した水滴

3 空気清浄機

主なフィルタは次のとおりです。

①**自動巻取形フィルタ**

一般空調のやや粗大な粉じんの除去に使用します。

②**活性炭フィルタ**

活性炭を吸着材として用いるもので，臭気の除去や SO_2 など有害ガスの除去に使用されます。

③**HEPAフィルタ**

通過風速が遅く，ろ過面積が大きい構造で，クリーンルームなど極微細な粉じんの除去に使用されます。

補足

スケール
ほとんどが炭酸カルシウムです。

過去問にチャレンジ！

問1　　　　　　　　　　　　　難　**中**　易

冷却塔に関する記述のうち，適当でないものはどれか。

(1) 冷却水系におけるスケールは，ほとんどが炭酸カルシウムである。
(2) 密閉式冷却塔は，開放式冷却塔に比べて風量が多くなり，騒音が大きい。
(3) 冷却塔の微小水滴が，気流によって塔外へ飛散することをキャリオーバという。
(4) 冷却塔の入口水温と外気の湿球温度の差をレンジという。

解説

レンジとは，冷却水入口と出口の水温の差をいいます。

解答 (4)

2 機材

まとめ & 丸暗記　この節の学習内容とまとめ

☐ 送風機

名　称		特　徴
遠心	多翼	多数の前向き羽根　一般空調用
	後向き羽根	後向き羽根　高速回転　排煙機
軸流		大風量　換気扇
斜流		遠心式と軸流式の中間的特徴
横流		羽根幅長　サーキュレータ

☐ ターボ形ポンプ：遠心ポンプ（渦巻きポンプ, ディフューザポンプ）
　　　　　　　　　／軸流ポンプ／斜流ポンプ

☐ ポンプの回転速度 N
　①流量 $Q \propto N$　　②揚程 $H \propto N^2$　　③軸動力 $W \propto N^3$

☐ 管種類：配管用炭素鋼鋼管（SGP）／水配管用亜鉛めっき鋼管
　　　　　（SGPW）／圧力配管用炭素鋼鋼管（STPG）／水道用
　　　　　硬質塩化ビニルライニング鋼管（SGP-V）／水道用ポ
　　　　　リエチレン粉体ライニング鋼管（SGP-P）／ステンレ
　　　　　ス鋼管（SSP）／銅管（CP）／硬質ポリ塩化ビニル管

☐ 管継手：可とう管継手／防振継手／伸縮継手／絶縁継手

☐ 逆止め弁：スイング式／リフト式／スモレンスキー逆止弁

☐ 円形ダクト：長方形ダクトより圧力損失が小さい

☐ 消音装置：内張りダクト／内張りエルボ／消音ボックス

☐ 誘引比　（吹出し風量＋巻き込んだ風量）÷吹出し風量

☐ 拡散半径：最大拡散半径（気流の残風速が 0.25m/s の区域）
　　　　　　最小拡散半径（気流の残風速が 0.5m/s の区域）

送風機

1 送風機の種類

送風機（ファン）の主なものを分類すると次のとおりです。

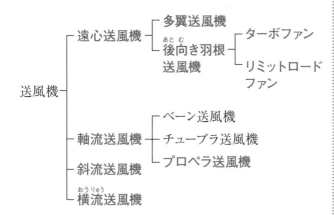

送風機
- 遠心送風機
  - 多翼送風機
  - 後向き羽根送風機
    - ターボファン
    - リミットロードファン
- 軸流送風機
  - ベーン送風機
  - チューブラ送風機
  - プロペラ送風機
- 斜流送風機
- 横流送風機

遠心送風機
遠心力とは，回転運動で，円の中心から遠去かる方向の力をいいます。

多翼送風機
アフリカから南ヨーロッパに吹く風をシロッコといい，それにちなんで命名された多翼送風機がシロッコファン（商品名）です。

斜流送風機
羽根車の形状および風量・静圧特性が遠心式と軸流式の中間にある送風機です。

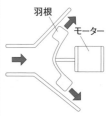

横流送風機
クロスフローファンとも呼ばれます。

2 遠心送風機

遠心式は，空気が羽根車の軸方向から入り，半径方向に出ます。主な遠心送風機は次のとおりです。

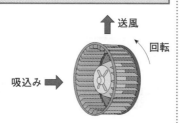

①多翼送風機

羽根車に多数の前向きの羽根（48～64枚）をもっています。羽根の枚数が多いので高速回転すると騒音が大きくなります。構造上，高速回転には不向きで，高

い圧力を出すことはできません。

　遠心送風機のなかでは所要の風量と静圧に対してもっとも小形になり，空気調和用として多用されています。

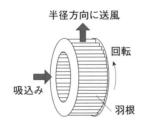

半径方向に送風

回転

吸込み

羽根

回転

羽根の形
（吸込み側から見た概略図）

②後向き羽根送風機

　多翼送風機が前向きの羽根をもつのに対し，後向きの羽根をもっています。高い静圧が得られ，多翼送風機に比べて高速回転が可能で，高圧力を必要とする場合に適しています。リミットロードファンはリミットロード特性を有しているので，排煙機に使用されます。

　なお，リミットロード特性とは，羽根がS字状になっており，風量が過大となってもモータが過負荷とならない特性のことです。

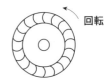

回転

後向き羽根送風機の
羽根の形

回転

リミットロードファンの
羽根の形

3　軸流送風機

　軸流式は，空気が軸方向から入り，そのまま直進します。

　遠心送風機に比べ，構造的に高速回転が可能で，低圧力・大風量を扱うのに適しています。同じ風量に対して小形ですが，同じ静圧において騒音が大きくなります。家庭で使用する換気扇は，主にプロペラ形が使用されます。

4 横流送風機
おうりゅう

軸に対して直角の方向から空気を吸い込むので，軸方向の羽根の幅を長くでき，サーキュレータ，エアーカーテン用，ルームクーラーの室内機などに利用されています。

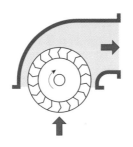

サーキュレータ
室内の天井付近に設置して，暖房時の暖かい空気を床面に循環させる装置です。室内上下の温度分布を改善する目的があります。

エアカーテン
室内と室外の空気の混入を防止する目的で，天井から高速気流を吹き出して作る透明の遮断膜をいいます。

2
機材

過去問にチャレンジ！

問1　　　　　　　　　　　　難 **中** 易

送風機に関する記述のうち，適当でないものはどれか。

(1) 軸流送風機は，遠心送風機に比べ，同じ風量に対して小形であり，同じ静圧において騒音が大きいことが特徴である。
(2) 横流送風機（クロスフローファン）は，送風機が小形となるため，ルームクーラーの室内機に利用される。
(3) 多翼送風機は，遠心送風機の中では羽根の高さが低いので，高速運転に適している。
(4) 斜流送風機は，羽根車形状および風量・静圧特性が軸流形と遠心形の中間にある。

解説

多翼送風機の羽根は，高さが低く，幅の広い前向き羽根です。高速回転には適しません。

解答 (3)

ポンプ

1 ポンプの種類

　一般に，ポンプといえばターボ形を指します（ほかに容積形，特殊形があります）。ターボ形は次のように分類されます。

$$
ターボ形
\begin{cases}
遠心ポンプ \begin{cases} 渦巻きポンプ \\ ディフューザポンプ \\ （タービンポンプ） \end{cases} \\
軸流ポンプ \\
斜流ポンプ
\end{cases}
$$

　ターボ形は電動機（モータ）で羽根車を駆動し，遠心力で圧力と速度を与えて液体（水）を高いところに揚げます。

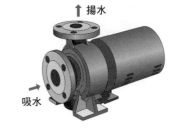

揚水

吸水

①渦巻きポンプ

　羽根車のみの回転で水を押し出します。

②ディフューザポンプ

　羽根車のほかに流路を変える室内羽根が付いており，高圧力を必要とする消火栓ポンプや給水ポンプに利用されます。

2 揚程と揚水量

　同一の配管系において，同じ能力のポンプを直列運転して得られる揚程は，ポンプを単独運転した場合の揚程の2倍よりも少なくなります。

　また，並列運転した場合の揚水量は，単独運転した場合の水量の2倍より少なくなります。

　キャビテーションは，ポンプの吸込み側の弁で水量を調整すると生じや

すく，サージングは，ポンプの揚程曲線が山形特性を
有し，勾配が右上がりの揚程曲線部分で運転する場合
に起こりやすくなります。

補足

キャビテーション
局部的に飽和蒸気圧以
下の状態が生じ，液体
が気化して気泡ができ
る現象をいいます。

サージング
ポンプを小流量で運転
したとき，不安定とな
り，騒音が大きくなる
現象です。

3 ポンプの回転速度

ポンプの回転速度をNとすると，次の関係です。

$$Q \propto N \quad H \propto N^2 \quad W \propto N^3$$
Q：流量　　H：揚程　　W：軸動力　（※∝は比例を示す記号）

過去問にチャレンジ！

問1　　　　　　　　　　　　　　難　**中**　易

渦巻ポンプに関する記述のうち，適当でないものはどれか。

(1) 同一の配管系において，同じ能力のポンプを並列運転して得られる
　　吐出し量は，ポンプを単独運転した場合の吐出し量の2倍よりも少な
　　くなる。

(2) 同一の配管系において，同じ能力のポンプを直列運転して得られる
　　揚程は，ポンプを単独運転した場合の揚程の2倍よりも少なくなる。

(3) ポンプの軸動力は回転速度の2乗に比例し，揚程は回転速度の3乗
　　に比例して変化する。

(4) キャビテーションとは，羽根車入口部分などで局部的に飽和蒸気圧
　　以下の状態が生じ，液体が気化して気泡ができる現象をいう。

解説

　ポンプの軸動力は回転速度の3乗に比例し，揚程は回転速度の2乗に比例し
て変化します。なお，流量は回転速度に比例します。

解答 (3)

配管

1 管種類

①配管用炭素鋼鋼管（SGP）

通称，黒ガス管と白ガス管があります。白ガス管は，溶融亜鉛めっきを施したものです。ガスはもとより，低圧の蒸気，水（飲料用を除く），油，空気などの配管として用いられます。流体圧力は1MPa以下です。

②水配管用亜鉛めっき鋼管（SGPW）

黒ガス管に，規定量の亜鉛めっきを施したものです。白ガス管より付着力の強い良質のめっき層を有しています。飲料用以外の，空調，消火，排水などの水配管として用いられます。

③圧力配管用炭素鋼鋼管（STPG）

流体圧力が1MPaを超える場合に使います。350℃以下の蒸気，高温水，冷温水など流体の輸送用に使用されます。飲料水には使用しません。管の肉厚はスケジュール番号で区分され，数の大きいほうが厚くなります。

④水道用硬質塩化ビニルライニング鋼管（SGP-V）

配管用炭素鋼鋼管（SGP）の内面や内外面に硬質塩化ビニル管をライニングしたものです。

配管内面は硬質塩化ビニルをライニングしますが，外面処理の方法によ

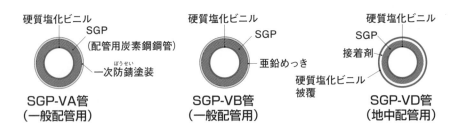

SGP-VA管
（一般配管用）

硬質塩化ビニル
SGP
（配管用炭素鋼鋼管）
一次防錆塗装

SGP-VB管
（一般配管用）

硬質塩化ビニル
SGP
亜鉛めっき

SGP-VD管
（地中配管用）

硬質塩化ビニル
SGP
接着剤
硬質塩化ビニル被覆

り，**VA**，**VB**，**VD**の3種類があります。

使用温度は40℃以下ですが，鋼管の内面に，耐熱性の硬質塩化ビニルをライニングした，水道用耐熱性硬質塩化ビニルライニング鋼管（SGP-HV）は，85℃までの耐熱性があります。

⑤水道用ポリエチレン粉体ライニング鋼管 (SGP-P)

鋼管の内面や内外面に，ポリエチレンの粉体を熱融着によりライニングしたものです。外面処理の方法により，**PA**，**PB**，**PD**の3種類があります。A，B，Dの意味は，ビニルライニング鋼管と同様です。

⑥ステンレス鋼管 (SSP)

耐食性に優れますが，傷が付きやすいので注意が必要です。

ステンレス鋼管には，一般配管用ステンレス鋼管と厚みのある配管用ステンレス鋼管があります。

一般配管用ステンレス鋼管は肉厚が薄いためねじが切れないので，ねじ継手は使用できません。また，使用圧力も実用上，1Mpa以下です。これを超える場合は，配管用ステンレス鋼管を使用します。

⑦銅管 (CP)

引張り強さは比較的大きく，アルカリに侵されず，スケールの発生も少ない管です。

肉の厚い順に，K，L，Mがあります。もっとも肉の厚いKタイプは，医療用配管などに使用されます。一般の給水配管としてはMタイプかLタイプで，通常いちばん薄いMタイプが使用されます。

補足

SGP
Steel Gas Pipe
見た目で黒ガス管，白ガス管と呼んでいます。めっき量の規定はありません。

スケジュール番号
アメリカの機械学会で定められた，管の肉厚を規定したものです。この規格による管を，スケジュール管と呼ぶことがあります。

SGP-V
VはVinylの頭文字です。配管内部はビニル管ですが，本体は鋼管です。
VA：外面処理方法が一次防錆塗装。
VB：外面処理方法が亜鉛めっき。
VD：外面処理方法が硬質塩化ビニル被覆。

SSP
Stainless Steel Pipe

一般配管用ステンレス鋼管
接続は，メカニカル継手か溶接式管継手を使用します。

スケール
腐食性の生成物被膜のこと。

⑧硬質ポリ塩化ビニル管

排水管，通気管として使用され，次の種類があります。

種類	設計圧力（使用圧力）
VP，HIVP	0〜1MPa
VM	0〜0.8MPa
VU	0〜0.6MPa

　耐衝撃性硬質ポリ塩化ビニル管（HIVP）は，耐衝撃強度を高めた管で，地中埋設などで荷重や衝撃が加わる場所に使用されます。

　水道用硬質ポリ塩化ビニル管は，水道用配管として使用されるものです。種類は，VP，HIVPがあり，一般には0.75MPa以下で使用します。

2　管継手

管と管を接続するもので，用途により，次の種類があります。

①可とう管継手（フレキシブルジョイント）

　軸に対して直角方向の変位を吸収するために用います。変位量が大きいほど全長を長くする必要があります（図はP329補足参照）。

②防振継手

　機器類の振動が配管系統に伝搬するのを防止するための継手です（図はP329参照）。

③伸縮継手

　蒸気管や温水管の熱による伸縮を吸収するための継手です。単式伸縮継手，複式伸縮継手，ベンド継手，ボールジョイントがあります。

　単式伸縮継手を設ける場合は，継手本体を固定せず，継手の近傍に片側にガイドを設けます。

　複式伸縮継手を設ける場合は，継手本体を固定して，継手の近傍の両側

にガイドを設けます（図はP329，330参照）。

伸縮継手には，スリーブ形とベローズ形があり，スリーブ形のほうが最大変位量は大きくなります。

スリーブ形伸縮継手 　　ベローズ形伸縮継手

ボールジョイントは，一般に2個または3個を1組として使用し，比較的小さなスペースで大きな伸縮量や変位を吸収できます。

④絶縁継手

機器の配管接続部の材料と配管材料とでイオン化傾向が大きく異なる場合は，腐食するおそれがあるので，絶縁フランジなどを用いて接続します。

3 止水栓

給水の開始，中止および装置の修理その他の目的で給水を制限または停止するために使用する給水用具です。種類は次のとおりです。

①仕切弁

流体の通路を垂直に遮断する構造で，全開，全閉の状態で使用します。全開時の損失水頭（圧力損失）は非常に小さく，水の流れは円滑です。

仕切弁

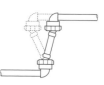

②玉形弁

開閉時間が短く，半開でも使用できます。損失水頭は大きいです。
流量調節できる弁です。

③バタフライ弁

蝶の羽のような平らな弁体をもち，開閉操作も比較的速く，損失水頭も
小さく，流量特性のよい弁です。

④ボール弁

真ん中がくり抜かれた球形で，90度回転で全開または全閉する構造です。

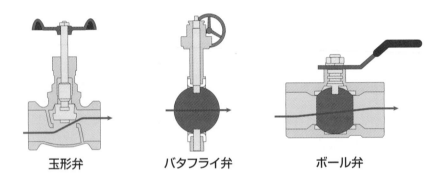

| 玉形弁 | バタフライ弁 | ボール弁 |

4　逆止め弁

逆方向からの水の流れを止める弁をいいます。次の種類があります。

①スイング式

弁体がヒンジ（ちょうつがい）に取り付けられ，通水時に弁座から押し
上げ，逆方向からは弁座に密着して流れない構造です。
開口面積が大きく，圧力損失が少ないので大口径まで使用されます。

②リフト式

弁体が弁座に対して垂直に移動するもので，静水時は弁体の自重で弁座

に密着しています。

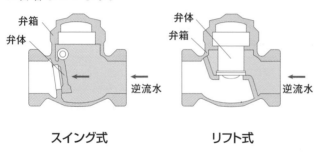

弁箱
弁体
逆流水
スイング式

弁体
弁箱
逆流水
リフト式

スモレンスキー逆止弁

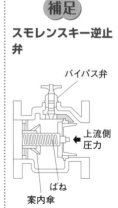

バイパス弁
上流側圧力
ばね
案内傘

③**スモレンスキー逆止弁**

　リフト式逆止め弁にばねと案内傘を内蔵した構造で，高揚程の揚水ポンプの吐出し側の配管立ち上がり部に使用されます。

過去問にチャレンジ！

問1　　　　　　　　　　　難　中　易

　JIS に規定する配管に関する記述のうち，適当でないものはどれか。

(1) 銅管のMタイプは，Lタイプより管の厚さが厚い。

(2) 水道用硬質ポリ塩化ビニル管のHIVPとVPの使用圧力は，同じである。

(3) 圧力配管用炭素鋼鋼管は，スケジュール番号の大きいほうが管の厚さが厚い。

(4) 一般配管用ステンレス鋼管は，配管用ステンレス鋼管より管の厚さが薄い。

解説

　銅管の肉厚は，厚い順にK，L，Mです。Kは医療用配管で，一般の配管は薄いMタイプが使用されます。

解答 (1)

ダクト

1 設計

ダクトとは，空気を流通させるための密閉構造の流路をいいます。

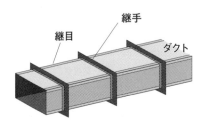

※甲はぜはP230参照

　同一材料，同一断面積のダクトの場合，同じ風量では円形ダクトのほうが長方形ダクトより単位長さ当たりの**圧力損失**が小さくなります。

　ダクトの寸法を決定する場合，一般的に，計算が簡単な**等圧法**が用いられます。等圧法とは，主ダクトの風速を決定し，その単位長さ当たりの摩擦損失を全ダクト系に採用してダクト寸法を決定する方法です。

2 消音

　ダクト内空気の流通音やダンパー操作音を小さくする方法は，次のとおりです。

①内張りダクト

　内面に**吸音材**を張ったダクトで，低周波より**高周波**の騒音に対して大きな消音効果が見込めます。

②内張りエルボ

　ダクトの曲がり部分に用い，**吸音材**による吸音効果と，エルボの反射による減衰効果を利用した消音器です。比較的大きい消音量が得られます。

③消音ボックス

箱状の容器内に吸音材を張ったものです。ボックス出入り口の断面変化による反射効果と内張りの消音効果を併せ持ったものです。

3 吹出し口

空調空気を室内に吹き出す機器です。軸流吹出しと輻流吹出しなどがあります。

◆軸流吹出し口の種類

①ノズル形

筒状の吹出し口です。発生騒音が比較的小さく，吹出し風速を大きくすることができるので，到達距離が長く，講堂や大会議室など大空間の空調に適しています。

②線状

風向調節ベーンを動かすことによって，吹出し気流の方向を変えることができます。ペリメーターの窓面に近い天井などに使用されます。

③格子形

羽根を縦方向，横方向または縦横方向に取り付けたもので，可動式をユニバーサルといいます。

④パンカルーバー

手動で気流の吹出し方向を自由に変えられるので，乗り物などのスポット空調として多用されています。

補足

2 機材

ダンパー
ダクトの途中に設け，流量調節や開閉を行う装置です。

軸流吹出し
空気が取付面に対して垂直に吹き出すものをいいます。

輻流吹出し
円形の吹出し口から放射状に吹き出すものをいいます。

風向調節ベーン

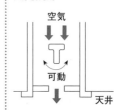

ペリメーター
日射の影響を受ける建物の外周に近い部分のこと。

パンカルーバー
語源は，大きな団扇です。

◆輻流吹出し口の種類

①シーリングディフューザ形

　数枚の羽根を重ねた形で，気流は四方八方
に広がり，気流の拡散性に優れています。こ
のため吹出し風速を小さくすることができま
す。また，**誘引作用**が非常に大きく，空気分
布に優れています。

　中コーンを下げると，気流は天井と平行に拡散し，冷房効果が上がりま
す。中コーンを上げると，下降気流で暖房効果が上がります。

②パン形

　首部分から吹き出した気流が，板に当たって水平に吹き出します。

4　誘引作用

> 誘引比＝（吹出し風量＋巻き込んだ風量）÷吹出し風量

　誘引作用が大きいと，周囲の空気と混じるため，**吹出し温度差**を大きく
とれ，大温度差空調が可能で，**ドラフト感**（気流が速いために生じる不快
感）が少なく快適です。

5　拡散半径

①最大拡散半径

　居住域における吹出し気流の速度（残風
速）が0.25m/sになるまでの吹出し口か
らの距離をいいます。

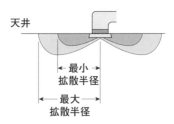

天井

←最小→
拡散半径

←最大→
拡散半径

②最小拡散半径

　居住域における吹出し気流の速度（残風速）が0.5m/sの距離をいいます。

　シーリングディフューザ形吹出し口の取付け間隔を決める場合，最小拡散半径を重ねないようにします。重なると吹出し気流がぶつかり，下降してドラフト感を感じることがあります。※**最大拡散半径ではありません。**

補足

誘引作用
吹出し口からの空気が，周囲の空気を巻き込んで，風量を増すことをいいます。

中コーン
上下に可動する内側のコーンのこと。

2
機材

過去問にチャレンジ！

問1　　　　　　　　　　　　　　　　　　　難　**中**　易

吹出し口に関する記述のうち，適当でないものはどれか。

(1) パンカルーバー形吹出し口は，吹出し口の全周から放射状に気流を吹き出すもので，誘引作用が大きくドラフトを生じにくい。

(2) 格子形吹出し口は，羽根を縦方向，横方向あるいは縦横方向に取り付けたもので，羽根が可動のものをユニバーサル吹出し口と呼ぶ。また，羽根が固定のものもある。

(3) ノズル形吹出し口は，発生騒音が比較的小さく，吹出し風速を大きくすることができるので，到達距離が長く，講堂や大会議室などの大空間の空調に用いられる。

(4) 線状吹出し口は，ペリメーターの窓面に近い天井やインテリアの壁面付近の天井などに使用され，風向調節ベーンを動かすことによって吹出し気流方向を変えることができる。

解　説

　パンカルーバー形吹出し口は，軸流吹出しタイプであり，放射状に気流を吹き出すものではありません。

解　答（1）

3 契約約款ほか

まとめ & 丸暗記　この節の学習内容とまとめ

- ☐ 公共工事標準請負契約約款による設計図書
　　図面，仕様書，現場説明書，質問回答書
　　※以下，公共工事標準請負契約約款による

- ☐ 設計図書に品質が明示なき場合，中等の品質を使用

- ☐ 契約の解除
　・受注者が工事に着手しない
　・発注者の都合で，請負代金が３分の２以上減少

- ☐ 通知
　・監督員を置いたとき
　・現場代理人を置いたとき

- ☐ 監督員，現場代理人間のやりとりは原則として書面

- ☐ 現場代理人：工事現場に原則として常駐

- ☐ 現場代理人，主任技術者（監理技術者）および専門技術者は兼務可

- ☐ 支払い

発注者		支払い		完成検査		支払い
	14日			14日	40日	
受注者	請求（前払い金）		工事完成通知	請求（残金）		

- ☐ 発注者は理由を受注者に通知し，最小限度の破壊検査可

174

約款と仕様書

1 設計図書とは

　公共工事標準請負契約約款は，国や地方公共団体などが発注する工事の契約書に使われています。

　そのなかに，設計図書の定めがあります。建築基準法によれば，設計図書とは，図面および仕様書ですが，この約款では，さらに現場説明書および現場説明に対する質問回答書を含めます。

2 契約

● 受注者は，設計図書に基づいて請負代金内訳書および工程表を作成し，発注者に提出します。

● 約款および設計図書に特別の定めがない仮設，施工方法などは，受注者が定めることができます。

● 受注者は，工事目的物および工事材料などを設計図書に定めるところにより，火災保険，建設工事保険などに付さなければなりません。

工事材料の品質がはっきりしない場合は中等品とする。

● 工事材料の品質は，設計図書にその品質が明示されていない場合，中等の品質を有するものとします。

3 契約の解除

発注者は，受注者が正当な理由なく，工事に着手す

設計図書
建築基準法における「設計図書」とは，図面および仕様書です。公共工事標準請負契約約款における設計図書は，さらに，現場説明書と質問回答書が追加されています。
これらの優先順位は，次のようになります。
① 質問回答書
② 現場説明書
③ 特記仕様書
④ 図面
⑤ 標準仕様書

特記仕様書
その工事限定の仕様書です。

標準仕様書
国土交通省大臣官房官庁営繕部監修の仕様書です。管工事全般を対象としています。

べき期日を過ぎても**工事**に**着手**しないときは，契約を**解除**できます。

　発注者の都合により設計図書を変更したため，請負代金が3分の2以上減少した場合，受注者は契約を解除できます。

- ●工事現場内に搬入した材料は，監督員の承諾無しに搬出できません。
- ●工期内に工事を完成できなかった場合，発注者は受注者に損害賠償請求できます。
- ●引き渡し前に，発注者は受注者の承諾を得て工事目的物を使用できます。

4 監督員・現場代理人

　発注者は，監督員を置いたときには，その氏名を受注者に通知します。約款に定める請求，通知，報告，申出，承諾および解除について，原則，監督員を経由して行います。

　監督員の**現場代理人**に対する指示または承諾は，原則として，書面により行わなければなりません。

　監督員の権限には，設計図書に基づく工程の管理，立会，工事の施工状況の**検査**などが含まれます。(※**工事材料の試験，検査も含まれます。**)

　一方受注者は，**現場代理人**を置いたときにはその氏名を発注者に通知します。現場代理人は，契約の履行に関し工事現場に原則として常駐し，その運営，取締りを行いますが，請負代金額の変更，請負代金の請求および受領などは含まれていません。(※**一切の権限を行使することができるわけではありません。**)

　現場代理人は，**主任技術者**（**監理技術者**）および**専門技術者**は，これを兼ねることができます。

5 支払い

　発注者は，契約の規定による前払い金の請求があったときは，請求を受けた日から14日以内に前払い金を支払わなければなりません。

完成検査合格後，発注者は，受注者から請負代金の支払いの請求があったときは，請求を受けた日から40日以内に請負代金を支払わなければなりません。

6 完成検査

発注者は，受注者から工事が完成した旨の通知を受けたときは，通知を受けた日から14日以内に完成検査を完了し，検査結果を受注者に通知しなければなりません。※**工期最終日から14日以内ではありません。**

発注者は，工事の施工部分が設計図書に適合しないと認められる相当の理由がある場合において，必要があると認められるときは理由を受注者に通知して，最小限度破壊して検査できます。

工事写真がないので破壊して検査する

この場合の検査および復旧に要する費用は受注者の負担とします。

受注者は，完成検査に合格しないときは，直ちに修補して発注者の検査を受けなければなりません。

発注者は，工事目的物に瑕疵（かし）があるときは，受注者に対して相当の期間を定めて，その瑕疵の修補を請求することができます。

7 仕様書

仕様書には，機器の仕様を記述します。

補足

現場代理人の常駐
以前は義務化されていましたが，現在は，監督員と密な連絡がとれ，発注者の了解があれば必ずしも常駐しなくてもよいことになりました。

現場代理人の兼務
主任技術者（監理技術者）および専門技術者を兼ねられますが，当然，その要件を満たしていなければなりません。現場代理人が1級管工事施工管理技士資格を有していれば，主任技術者にも，監理技術者にもなれます。

専門技術者
たとえば，主たる工事が管工事で，一部に電気工事があった場合，電気工事の現場責任者が専門技術者です。2級電気工事施工管理技士などの有資格者であることが必要です。

支払い
建設業法における数値基準とは異なります。

瑕疵
完成した建物の欠陥のこと。契約不適合。

3
契約約款ほか

①ユニット形空気調和機の仕様

形式，冷却能力，加熱能力，風量，機外静圧，コイル通過風速，コイル列数，水量，冷水入口温度，温水入口温度，コイル出入口空気温度，加湿器形式，有効加湿量，電動機の電源種別，電動機出力，基礎形式などです。

②冷却塔の仕様

冷却塔の形式，冷却能力，冷却水量，冷却水出入り口温度，外気湿球温度，電源の種別，電動機出力，許容騒音値などです。

過去問にチャレンジ！

問1　　　　　　　　　　　難　**中**　易

「公共工事標準請負契約約款」に関する記述のうち，適当でないものはどれか。

(1) 受注者は，設計図書に基づいて請負代金内訳書および工程表を作成し，発注者に提出する。

(2) 発注者は完成検査に当たって，必要と認められる理由を受注者に通知した上で，工事目的物を最小限度破壊して検査できる。この場合において，検査または復旧に直接要する費用は，発注者の負担とする。

(3) 完成検査合格後，発注者は，受注者から請負代金の支払いの請求があったときは，請求を受けた日から40日以内に請負代金を支払わなければならない。

(4) 発注者が監督員を置いたときは，約款に定める請求，通知，報告，申出，承諾および解除については，設計図書に定めるものを除き，監督員を経由して行う。

解説

検査のため工事目的物を破壊した場合の復旧に直接要する費用は，発注者の負担ではなく，請負者の負担です。

解答　(2)

第5章

施工管理法（管理編）

施工計画

☐ **施工計画書作成**
- ・設計図書の理解
- ・現地調査
- ・仮設計画，搬入計画，施工方法などの検討

☐ **申請書類**

件名	届出先
消防用設備等設置	消防長または消防署長
少量危険物取扱い	消防署長
危険物貯蔵所設置	都道府県知事または市町村長
道路使用	警察署長
道路占用	道路管理者
建築確認	建築主事または指定確認検査機関

☐ **産業廃棄物**

産業廃棄物	主な廃材
安定型	衛生陶器 ビニル管
安定型以外	古い重油
特別管理	古い灯油・軽油 アスベストを含む保温材 PCBを含むもの

☐ 産業廃棄物管理票（マニフェスト）は5年間保存

施工計画の立て方

1 用語

①施工計画書

どのような計画で工事を行うかを書類にしたものです。請負者の責任において作成し，発注者に提出して承諾を得ます。

設計図書に目を通し，内容を理解した上で現地調査を行い，現場に即した施工計画書を作ります。

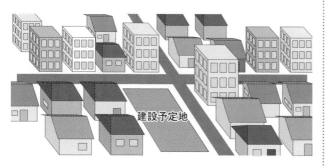

建設予定地

密集している現場に即した施工計画書を作る必要がある

②施工要領書

施工手順，出来上がりの状態を示し，施工図を補完するものです。施工の見落としやミスが防げ，品質水準が向上します。なお，施工要領書も設計者や監督員の承諾を得ておく必要があります。

③実行予算書

請負者が，工事にかかる費用を予算として計画したものです。利益幅を確認するための作業で，着工前に

作成します。実行予算書は請負者の内部資料であり，発注者に見せる書類ではありません。

④総合工程表

仮設工事から機器設置後の試運転調整，後片付け，清掃までの全工程の大要を表すもので，一般に，工事区分ごとに示します。総合工程表により，工事全体の作業の施工順序，労務，資材などの段取り，それらの工程などを総合的に把握することができます。

試運転調整は，各機器の試運転を行い，配管，ダクトに異常がないことを確認後システム全体の調整を行います。

⑤マンパワースケジューリング（配員計画）

各作業には，それに適した人数があり，できるだけバランスのとれた人員配置が望まれます。

毎日，同じ作業が繰り返す場合，その作業に最適な人数となるようにします。凹凸なく平均化することで作業効率が上がります。

⑥工事原価

純工事費（共通仮設費＋直接工事費）および人件費，事務用品費などの現場を運営するために必要な現場経費を含んだものです。

2 施工計画書の内容

具体的には，次の内容を記載します。

①仮設計画

仮設計画には，次のような仮設物に関する事項などを記載します。
- 現場小屋，資材置場などの仮設物の配置と大きさ
- 工事に必要な電力，電話，給水，ガスの引き込み
- 火災予防，盗難予防，騒音対策

1

施工計画

②搬入計画

搬入計画では，資材や機材類を，指定した期日に，安全に現場搬入する計画を記載します。

③施工方法

設計図書に合致した施工方法を記載します。

④その他

その他，次のような事項を記載します。

- 工事の組織編成
- 廃棄物の分別収集，適正な処理など

補足

搬入計画
資材は，必要なときに必要な量を搬入します。一度に大量に搬入すると，資材置場をふさぎ，品質の維持などが問題となります。

過去問にチャレンジ！

問1　　　　　　　　　　　難　中　**易**

施工計画に関する記述のうち，適当でないものはどれか。

(1) 一般に，工事原価には，共通仮設費と直接工事費を足した純工事費，および人件費，事務用品費等の現場を運営するために必要な現場経費が含まれる。

(2) 一般に，施工計画書には，総合施工計画書と工種別施工計画書がある。

(3) 総合工程表は，仮設工事から完成時における試運転調整，後片付け，清掃までの全工程の大要を表すもので，一般に，工事区分ごとに示す。

(4) 実行予算書は，公共工事においては，発注者に提出しなければならない書類である。

解　説

実行予算書は，発注者に提出する書類ではありません。

解　答　(4)

届出書類

1 届出書類と提出先

　工事に伴い，各種の申請書を作成します。届出先は下記のとおりです（一定規模以上）。

件名	届出先	根拠法令
工事整備対象設備等着工届	消防長または消防署長	消防法
消防用設備等設置	消防長または消防署長	消防法
少量危険物取扱い	消防長または消防署長	消防法
危険物貯蔵所設置（指定数量以上）	都道府県知事または市町村長	消防法
道路使用	警察署長	道路交通法
道路占用	道路管理者	道路法
建築確認	建築主事または指定確認検査機関	建築基準法
ばい煙発生施設設置	都道府県知事	大気汚染防止法
ボイラ設置	労働基準監督署長	労働安全衛生法
クレーン設置	労働基準監督署長	労働安全衛生法
特定施設設置	市町村長	騒音規制法
高圧ガス製造	都道府県知事	高圧ガス保安法

2 道路の使用と占用

　道路上または道路下に工作物や施設を設ける工事のため，道路を一時的に使用するのが「道路使用」です。一方，長期間継続的に使用するのが「道路占用」です。

　たとえば給水管埋設のため工事車両が道路を使用する場合，その地域を

管轄する警察署長に「道路使用許可」を申請し，許可を受けておきます。

　一方，道路下に埋設する給水管は，長期にわたって道路を独占的に使用し続けるため，「道路占用許可」を道路管理者に申請し，許可を受けます。

　道路管理者とは一般に，県道であれば県知事，市道ならば市長ということになります。

道路を掘削のため使用
…道路使用許可（警察署長）

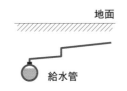

給水管

道路完了後，道路を占用
…道路占用許可（道路管理者）

補足

消防長または消防署長
地域にいくつかある消防署の最高責任者が消防署長で，その元締めが消防本部です。消防本部の最高責任者が消防長です。

道路占用許可
該当する道路が都道府県の道であれば知事，市道であれば市長の許可が必要で，一定年数ごとの更新手続きが定められています。

過去問にチャレンジ！

問1　　　　　　　　　　　　難　**中**　易

　工事の申請・届出書類と提出先の組合せとして，適当でないものはどれか。

	（申請・届出書類）	（提出先）
(1)	道路法の道路占用許可申請書	道路管理者
(2)	労働安全衛生法の小型ボイラー設置報告書	労働基準監督署長
(3)	騒音規制法の特定施設設置届出書	都道府県知事
(4)	消防法の指定数量以上の 　危険物貯蔵所設置許可申請書	市町村長または 都道府県知事

解説

騒音規制法の特定施設設置届出書は，市町村長に届け出ます。

解答　（3）

廃棄物処理

1 廃棄物の分類

建設廃棄物は，産業廃棄物と一般廃棄物に分かれます。

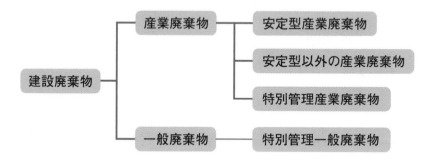

①産業廃棄物

建設工事に伴って生じた廃棄物です。

安定型産業廃棄物とは，性状が安定している廃棄物をいい，安定型の最終処分場で処分できます。一般的に，ガラス，陶磁器，金属，プラスチックについては，ここで処分できます。安定型処分場で処分できないものとして，木くず，紙くず，廃油（重油）などがあります。

事業者は，自ら産業廃棄物を処理する必要がありますが，産業廃棄物の運搬または処分を他人に委託する場合，その者に対して産業廃棄物管理票（マニフェスト）を交付します。ただし，再生利用の廃棄物のみを扱う者に委託する場合は交付を要しません。

廃棄物を他人の手に渡した後は，適正に処理されたか確かめるため，産業廃棄物管理票の写しを受け取り，5年間保存する義務があります。

②一般廃棄物

産業廃棄物以外が，一般廃棄物です。現場事務所で発生した紙くず，作業員の飲食に伴う生ごみなどです。

2 廃材処分

①安定型処分場で処分できるもの
- ビニル管の端材
- 発泡スチロールやポリスチレンフォーム
- 破損した衛生陶器

②特別管理産業廃棄物として処分するもの
- 飛散性アスベストを含有している保温材
- 燃料タンクに残っていた古い灯油，軽油

補足

廃棄物処理
処理＝収集・運搬＋処分のことです。それぞれ許可が異なります。

特別管理産業廃棄物
爆発性，毒性，感染性その他，人の健康や生活環境に被害を及ぼすおそれのあるものをいいます。

1
施工計画

過去問にチャレンジ！

問1　　　　　　　　　　　　　難　**中**　易

建設工事で発生する建設副産物に関する記述のうち，適当でないものはどれか。

(1) 便所の排水管に使われていた再利用できないビニル管は，安定型産業廃棄物として処分する。

(2) 撤去した冷凍機の冷媒に使われていたフロンは，回収して破壊または再生利用する。

(3) ステンレス製受水タンクの溶接施工部の酸洗いに使用した弱酸性の廃液は，産業廃棄物として処分しなければならない。

(4) オイルタンクに残っていた古い重油は，特別管理産業廃棄物として処分しなければならない。

解説

古い重油は，特別管理産業廃棄物ではなく，産業廃棄物として処分できます。ただし，安定型処分場での処分はできません。また，弱酸性の廃液は産業廃棄物として処分できます。

解答 (4)

2 工程管理

まとめ & 丸暗記   この節の学習内容とまとめ

☐ **経済速度**
　総費用 = 直接費 + 間接費
　最小コスト

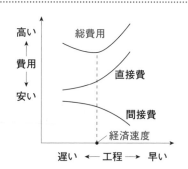

☐ **工程表の種類**
　・曲線式工程表
　・バーチャート工程表
　・ガントチャート工程表
　・ネットワーク工程表
　・タクト工程表

☐ **アローネットワークの時刻**
　・最早開始時刻（**EST**）
　・最早完了時刻（**EFT**）
　・最遅完了時刻（**LFT**）
　・最遅開始時刻（**LST**）

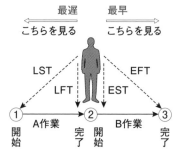

☐ **フロート**
　①フリーフロート
　②ディペンデントフロート
　③トータルフロート　→　①+②=③

☐ フリーフロート = c − e − a
　ディペンデントフロート = d − c
　トータルフロート = d − e − a

工程管理の基礎

1 経済速度

　工程管理とは，工事を順調に進め，工期を厳守するための管理をいいます。

　経済速度とは，工程管理において，直接費と間接費を合わせた総工事費が最小となるもっとも経済的な施工速度をいいます。また，このときの工期を最適工期といいます。

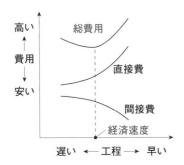

　工程速度を上げると出来高が増え，原価は安くなりますが，あるところから原価は逆に高くなります。これは，突貫工事の状態となるためです。

2 工程表の種類

①曲線式工程表

　横軸に工期，縦軸に出来高をとると，作業の進捗はおよそ次ページの図のような曲線になります。この進度管理の曲線を，S字曲線と呼んでいます。

この曲線が，当初予定した**上方許容限界曲線**と**下方許容限界曲線**の中に入るように，工程管理する必要があります。この上方，下方の2つの曲線をその形から，**バナナ曲線**といいます。

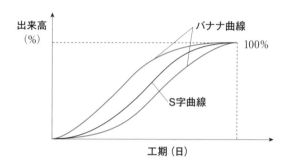

②バーチャート工程表

縦に**各作業名**を列記し，横に**暦日**などをとり，各作業の着手日と終了日の間を横線で結んだものです。

各作業の所要日数と施工日程がわかりやすく，作成が容易なため，現場でよく使われています。ただし，各作業の，工期に対する影響の度合いがわかりにくいのが欠点です。

作業名	9月			10月		
	10日	20	30	10	20	30
準備作業	▬					
配管作業		▬▬▬				
機器据付け				▬▬		
試運転調整					▬▬	
後片付け						▬

③ガントチャート工程表

縦に**各作業名**を列記し，横に各作業の達成度（**進捗率**）をとったものです。作業ごとの進捗状況は把握できますが，工事全体の進捗度は把握できません。一般に、他の工程表と併用します。

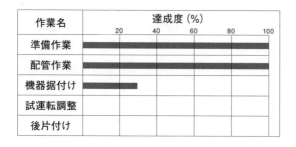

作業名	達成度 (%)
	20　40　60　80　100
準備作業	
配管作業	
機器据付け	
試運転調整	
後片付け	

④ネットワーク工程表

　矢印に作業名と所要日数を記載し，一連の作業を表したものです。作業の順序関係が明確であり，前作業が遅れた場合に後続作業に及ぼす影響の把握などにも速やかに対処できます。

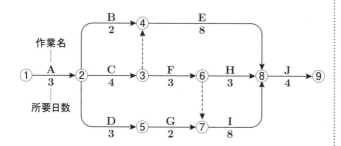

⑤タクト工程表

　高層建物で，同一作業を1フロアなどの工区ごとに繰り返す場合に，繰返し作業を効率よく行う工程表です。

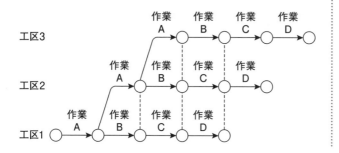

補足

バーチャート
バー（棒）を用いて表現したチャート（図）で，横線式工程表の一つです。バーチャート上に，進度曲線（S字曲線）を書き足して用いれば，精密な工程管理が行えます。

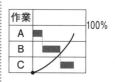

ガントチャート
アメリカ人のヘンリー・ガントが考案したことから，この名が付けられています。

タクト工程表
事務所ビルや共同住宅などに有効です。

問1   難　中　易

　図に示す費用と工程および工期の関係に関する記述のうち，適当でないものはどれか。

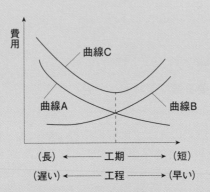

(1) 曲線Aは間接費，曲線Bは直接費を表している。

(2) 突貫作業を行うとコストが少なくできることを表している。

(3) 曲線Cは曲線Aと曲線Bを合成したもので，工事にかかる総費用を表している。

(4) 曲線Cの最低点は，工事にかかる費用をもっとも少なくできる工程を示しており，経済速度と呼ばれる。

解説

　突貫作業は使用材料の原価が高くなり，また作業員の割増なども必要となるため，かえってコストがかかります。

解答 (2)

2

ネットワーク工程表

1 用語

ネットワーク工程表では，矢印（アロー）を用いた，アロー形ネットワーク工程表が代表的なものです。

①作業（アクティビティ）

$$\xrightarrow{\substack{\text{作業名} \\ \text{所要日数}}}$$

各作業を実線の矢印で表します。矢印の向きは作業が進む方向を示します。

一般に作業名は矢印の上に表示し，所要日数は矢印の下に表示します。

②ダミー

$$\dashrightarrow$$

点線の矢印で表します。実際に作業はなく（所要日数も0です），作業の順序だけを意味します。

下の図の工程表からは，A作業はもとより，B作業が終わらないとC作業が開始できないことが読み取れます。

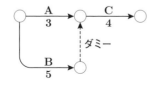

補足

作業（アクティビティ）
試験問題では，作業名を表示せず，単に作業日数だけの場合もあります。また，日数のことをデュレイションといいます。

ダミー（Dummy）
架空の作業という意味です。

③結合点（イベント）

作業の始まりや終わりを表し，一つの節目と考えることができます。○で表記しその中に番号を入れます。その番号をイベント番号といいます。

隣り合う結合点間には，2つ以上の作業を表示できません。

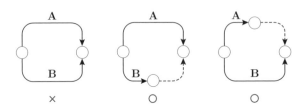

④時刻

時刻には，次の4つがあります。

（ア）**最早開始時刻（EST）**

次の作業が，もっとも早く開始できる時刻をいいます。

（イ）**最早完了時刻（EFT）**

もっとも早く完了できる時刻です。（ア）＋B作業の所要時間です。

（ウ）**最遅完了時刻（LFT）**

前の作業が，遅くとも完了していなくてはならない時刻です。

（エ）**最遅開始時刻（LST）**

遅くとも開始しなければならない時刻です。（ウ）－A作業の所要時間です。

今，現場担当者が②の地点にいます。②から③の方向を見る（未来を見る）と，「最早開始時刻（ア）」，「最早完了時刻（イ）」のように，「最早」ということばが付きます。一方，②から①の方向を向く（過去を振り返る）と，「最遅完了時刻（ウ）」，「最遅開始時刻（エ）」のように，「最遅」のことばが付きます。

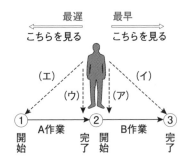

⑤フロート

　結合点に2つ以上の作業が集まる場合，もっとも遅く完了するもの以外には，時間的に余裕があります。その**余裕時間**をフロートとの最早開始時刻といいます。

　フロートには，次の3種類があります。

- フリーフロート：ある作業の中で自由に使っても，後続する作業の最早開始時刻に影響を及ぼさない余裕時間をいいます。
- ディペンデントフロート：後続する作業の最早開始時刻に影響を及ぼすフロートです。
- トータルフロート：ある作業で取り得る最大余裕時間をいいます。

> トータルフロート＝フリーフロート＋ディペンデントフロート

（作業日数）

※aはその結合点における最早開始時刻，bは最遅完了時刻です。c, dも同様です。

　個々の計算式は次のとおりです。

　　フリーフロート＝c－e－a

　　ディペンデントフロート＝d－c

　　トータルフロート＝d－e－a

⑥クリティカルパス

　工事完了に至る工程のうち，もっとも日数を要するものをいいます。

⑦クリティカルイベント

　最早開始時刻（EST）と最遅完了時刻（LFT）が同じになるイベントをいいます。

⑧フォローアップ

　工程の途中で，見直しをする必要が生じたとき，工程計画をチェックし，現状の推移を入れて調整することをいいます。

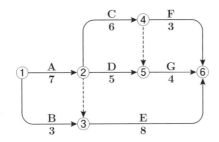

　図のようなネットワーク工程表の最早開始時刻（EST）の求め方は次のとおりです。

◆手順

　(a)　イベント番号①がスタートで，①の上方に0を記入します。

　(b)　イベント番号②への矢印は1本のみで，②に7と記入します。これは，A作業が完了した7日目の夕刻を意味します。

　(c)　③に入る矢印は2本あります（ダミーの矢印も1本です）。この場合は，2系統の比較をします。

　　　つまり，①→②→③は7日で，①→③は3日です。B作業は3日で完了しますが，A作業が7日なので，A作業の終わるのを待たなければ次のE作業は開始できません。したがって，③に7と記入します。

　(d)　④は1本なので，②の上の数字7日とC作業の6日を足して，④に

13と記入します。

(e) ⑤は④→⑤が13日，②→⑤は②の数字の上の7とD作業の5日を足して12日なので，大きいほうの13を⑤に記入します。

(f) ⑥には3本の矢印があります。④→⑥が13＋3で16日，⑤→⑥が13＋4で17日，③→⑥が7＋8で15日なので，⑥に17と記入します。

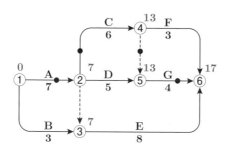

以上により，次のことがわかります。

- 所要日数は17日
- クリティカルパスはA→C→G（作業名で記述）
  ①→②→④‥⑤→⑥（イベント番号で記述）

なお，最早開始時刻（EST）を求めるときに，クリティカルパスのルートに印を付けておくと，便利です。

たとえば，③に至るには，A作業のルートのほうが日数がかかるので，A作業の→に黒丸を付けておきます。以下同様です。

3 最遅完了時刻（LFT）の求め方

最遅完了時刻（LFT）は，イベント番号⑥から①に向かって考えます。

クリティカルイベント
クリティカルパスは，必ずクリティカルイベントを通ります。

スタートのイベント
これから工事が始まる朝なので，空いているスペースに0と記入します。

所要日数
所要工期と表現することもあります。

クリティカルパスの記述方法
試験での記述に際して，質問内容が作業名なのか，イベント番号なのか間違えないようにしましょう。作業名で記述する際，ダミーの矢印を通りますが，作業はないので無視してかまいません。

2
工程管理

◆手順

(a) ⑥の上に17と書いてありますが，その上に同じ17を書きます。そして，最早開始時刻（EST）と区別するため，□17のように□で囲んで表示します。

(b) ⑥から⑤に戻ります。□17 − 4 = 13日で，前作業のC作業とD作業が，遅くても13日には⑤に到達していないといけません。

(c) ④では出ていく矢印が2本あるので，2系統を考えます。まず，④→⑥では，□17 − 3 = 14日なので，前作業のCは遅くても14日までに完了していればよいのですが，④→⑤では，□13 − 0 = 13日までに完了しなければなりません。したがって，小さいほうの13を④に記入します。

(d) ③については，矢印が1本なので簡単です。□17 − 8 = 9日なので，③に9と記入します。

(e) ②では出ていく矢印が3本なので，3系統を比較します。②→④は13 − 6 = 7日で，②→⑤は□13 − 5 = 8日，②→③は□9 − 0 = 9日です。いちばん小さいのは7日なので，②に7を記入します。

(f) 最後は①に0を記入します。

以上のことから，すべてのフロートがわかります。たとえば，F作業のフリーフロートは，17 − 3 − 13 = 1日です。B作業のトータルフロートは，□9 − 3 − 0 = 6日です。

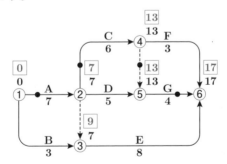

◆記述方法

ESTの上に書きます。ESTと区別するため，□で囲んでおくとよいでしょう。たとえば，17はESTで，□17はLFTです。○で囲むとイベント番号と間違えやすく，△で囲むと中の数字がわかりづらくなります。

過去問にチャレンジ！

問1　　　　　　　　　　　　　　　　　　難　**中**　易

　図に示すネットワーク工程表に関する記述のうち，適当でないものはどれか。

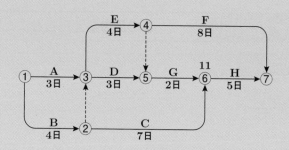

(1) クリティカルパスは，2つある。

(2) イベント⑤の最遅完了時刻と最早開始時刻は同じである。

(3) 作業Dのトータルフロートは，2日である。

(4) 作業Aと作業Gのフリーフロートは，同じである。

解説

　最早開始時刻（EST）と最遅完了時刻（LFT）は図のようになります。

　⑤の最早開始時刻（EST）は8日で，最遅完了時刻（LFT）は9日です。

　なお，クリティカルパスは，B→E→FとB→C→Hの2つです。

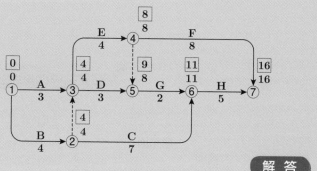

解　答　(2)

3 品質管理

まとめ & 丸暗記　この節の学習内容とまとめ

□ デミングサークル
Plan（計画）→ Do（実施）→ Check（検討）→ Act（処置）
（以降，繰返し）

□ 管理図
データの時間的変化
異常なばらつき

管理図

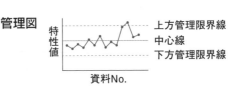

□ ヒストグラム
データの全体分布や
概略の平均値

ヒストグラム

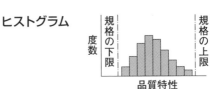

□ 特性要因図
不良とその原因

特性要因図

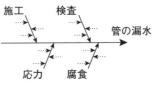

□ パレート図
改善の優先順位

パレート図

□ 散布図
2つのデータの相関
関係

散布図

品質管理の方法

1 デミングサークル

品質管理とは，仕様書の品質を，経済的に作り出すための方法をいいます。施工図の検討，機器の工場検査，装置の試運転調整などは品質管理です。

一般に品質管理を行う場合，次の手順に従います。

P→D→C→AでまたPに戻ります。この繰返しをデミングサークルと呼びます。

品質管理を行うことにより，品質の向上，品質の均一化，手直しの減少，工事原価の低減などの効果があります。品質

と原価低減は，トレードオフの関係ではありません。

2 全数検査，抜取検査

全数検査は，すべての製品について検査をすることで，次の場合に適用されます。

- 不良品の混入が許されない製品であるとき
- 製品がロットとして処理できないとき

具体的には，防災機器や特注製品，大型機器や，直ちに取替えがきかない機器，配管の水圧試験，空気調和機などの試運転調整などです。

抜取検査には，ロットの特性値が正規分布とみなせる場合に実施する**計量抜取検査**と，不良個数や欠点数による**計数抜取検査**があります。

補足

品質管理
Quality Control：略してQCともいいます。

デミングサークル
アメリカ人統計学者デミングが考案したものです。英単語の頭文字を取って表記します。P→D→C→Aの順番と，これを繰り返すことが大切です。AからPに戻るとき，Pはさらにグレードアップさせることから，これをスパイラルアップといいます。

トレードオフ
両立しない関係のことです。

ロット
同一の生産工場，生産工程で生産された製品のことです。

ランダム
規則性をもたずでたらめに，無作為にという意味です。

抜取検査は，次の場合に適用します。

- ●品物を破壊しなければ検査の目的を達し得ない場合
- ●試料の抜取りがランダムにできる場合

3 マネジメントシステム

JIS Q9000とISO 9000は**品質マネジメントシステム**のことで，製品やサービスを作り出すプロセスに関する規格です。

この規格の要求事項のいずれかが適用不可能な場合には，その要求事項の除外を考慮してもよいとされています。

※**すべての事項を必ず守らなければならない**，というものではありません。

過去問にチャレンジ！

問1　　　　　　　　　　　　　　　　難　中　**易**

品質管理に関する記述のうち，適当でないものはどれか。

(1) 品質管理を行うことによる効果として，品質の向上，品質の均一化，手直しの減少があげられる。

(2) デミングサークルの目的は，作業を計画（P）→ 検討（C）→ 実施（D）→ 処置（A）→ 計画（P）と繰り返すことによって，品質の改善を図ることである。

(3) 抜取り検査は，連続体や品物を破壊しなければ検査の目的を達し得ないものなどに適用する。

(4) 全数検査は，防災機器や特注製品で直ちに取替えがきかない機器などに適用する。

解 説

デミングサークルは，作業を計画（P）→ 実施（D）→ 検討（C）→ 処置（A）→ 計画（P）と繰り返します。

解 答 (2)

品質管理のツール

1 管理図

　各資料の平均値をプロットし，それを結んだ折れ線と管理限界線を表示した図です。データの時間的変化，異常なばらつきがわかります。

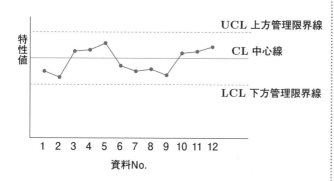

2 ヒストグラム

　「柱状図」とも呼ばれるものです。データの全体分布や，概略の平均値，規格の上限，下限からはずれている度合いがわかります。

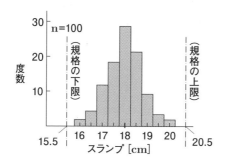

3

品質管理

全データが許容誤差内に収まるようにします。さらに，**正規分布曲線に近い形になるのが理想です。**

3 特性要因図

特性（結果）と要因（原因）の関係を図にしたものです。「魚の骨」とも呼ばれるもので，**不良項目とその原因が体系的にわかります。**

ブレーンストーミングの方法で原因を調べます。

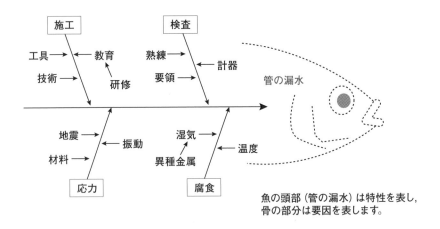

魚の頭部（管の漏水）は特性を表し，骨の部分は要因を表します。

4 パレート図

製品に生じた不良項目を種類ごとにまとめ，**件数の多い順に並べて棒グラフを作り，さらに，累計の折れ線グラフを表示したものです。**

全体の不良を減らす対象がわかり，改善に向けた優先順位を付けることができます。

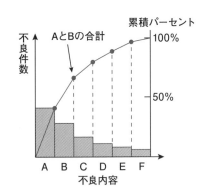

5 散布図

2つの要素を1つの点で表したものです。点の分布状態から，2つのデータの相関関係がわかります。

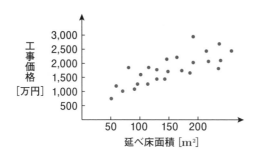

正規分布曲線

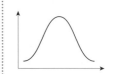

ブレーンストーミング

なぜそういう結果になったのかを，各人がいろいろな視点から考え，原因を追及するものです。

過去問にチャレンジ！

問1　　　　　　　　　難　中　易

　品質管理で用いられる統計的手法に関する記述のうち，適当でないものはどれか。

(1) 特性要因図は，「魚の骨」とも呼ばれるもので，不良とその原因が体系的にわかる。

(2) ヒストグラムは，「柱状図」とも呼ばれるもので，データの全体分布や概略の平均値がわかる。

(3) 散布図は，グラフに点をプロットしたもので，点の分布状態より2つのデータの相関関係がわかる。

(4) パレート図は，データをプロットして結んだ折れ線と管理限界線により，データの時間的変化や異常なばらつきがわかる。

解 説

パレート図に管理限界線はありません。

解 答 (4)

4 安全管理

まとめ & 丸暗記　　この節の学習内容とまとめ

□ ハインリッヒの法則
　ヒヤリ・ハットを減らすこと

□ 安全施工サイクル
　朝礼に始まり，安全ミーティング（**TBM**）
　から片付けまで，1日の活動サイクル

□ リスクアセスメント
　建設現場のリスクを見積もり，その大きい
　ものからリスクを除去，低減

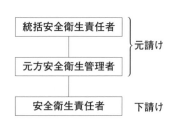

□ 特定元方事業者（元請け業者）の義務
　・災害防止協議会を設置，開催
　・安全または衛生のための教育
　・作業場所の巡視（作業日ごと）

□ 元請け・下請けの混在現場
　合計が常時50人以上の労働者
　・統括安全衛生責任者（特定元方
　　事業者から選任）
　・元方安全衛生管理者（特定元方
　　事業者から選任）
　・安全衛生責任者（下請け業者か
　　ら選任）

```
統括安全衛生責任者  ┐
                    ├ 元請け
元方安全衛生管理者  ┘

安全衛生責任者       下請け
```

□ 1つの事業所内での組織編成
　総括安全衛生管理者（常時100人以上の労働者），安全管理者，
　衛生管理者，産業医（以上，常時50人以上の労働者）

安全管理の手法

1 災害

　全産業に占める建設業の労働人口は約8％ですが，労働災害による死亡者数はおよそ1/3を占めています。このうち，高所作業による墜落・転落災害が7割，ほかに建設機械，クレーンなどによる事故，建設材料などの落下事故などです。

　重大災害はもとより，軽傷災害も決して起こさないという，安全管理が重要となります。

2 ヒヤリ・ハット活動

　「1人の重傷災害が発生する陰には，29人の軽傷災害があり，さらに表に出ない300の潜在災害がある」というハインリッヒの法則があります。

　ヒヤリ・ハットの潜在災害を放置せず，その原因を取り除くことが災害を防止する道であると説いています。

3 ツールボックスミーティング（TBM）

　関係する作業者が作業開始前に集まり，その日の作業，安全などについて話合いを行う安全ミーティングのことで，職場安全会議とも呼ばれています。

4 安全施工サイクル

　安全朝礼から始まり，安全ミーティング（TBM），安全巡回，工程打合せ，片付けまでの1日の活動サイクルをいいます。

4

安全管理

5 リスクアセスメント

　建設現場に潜在する危険性または有害性を洗い出し，それによるリスクを見積もり，その大きいものから優先してリスクを除去，低減する手法です。

過去問にチャレンジ！

問1 　　　　　　　　　　　　難　**中**　易

　建設工事における安全管理に関する記述のうち，適当でないものはどれか。

(1) 安全施工サイクルとは，安全朝礼から始まり，安全ミーティング，安全巡回，工程打合せ，片付けまでの1日の活動サイクルのことである。

(2) リスクアセスメントとは，建設現場に潜在する危険性または有害性を洗い出し，それによるリスクを見積もり，その大きいものから優先してリスクを除去，低減する手法である。

(3) ツールボックスミーティングとは，関係する作業者が作業開始前に集まり，その日の作業，安全などについて話合いを行うことで，職場安全会議とも呼ばれている。

(4) 重大災害とは，業務上，労働者が死亡または休業が4日以上となる負傷をした災害事故で，労働基準監督署に速報しなければならない。

解説

　重大災害とは，3人以上の労働者が死傷した災害をいいます。

解答 (4)

安全組織

1 特定元方事業者

事業者とは，労働者を使用して工事を行う者です。

特定元方事業者とは，下請負業者のいる現場で，もっとも先次の事業者をいいます（発注者から受注している元請け業者です）。

特定元方事業者には，主に次の義務が課せられています。

- ●災害防止協議会の設置，開催
- ●労働者の安全または衛生のための教育
- ●毎作業日に作業場所の巡視

2 元請け・下請けの混在現場

建設現場で元請け，下請けの労働者の合計が常時50人以上となる場合，次の者が選任されます。

- ●統括安全衛生責任者（特定元方事業者から選任）
- ●元方安全衛生管理者（特定元方事業者から選任）
- ●安全衛生責任者（下請け業者から選任）

3 一事業所内の組織編成

以下は，1つの会社内での組織編成です。現場での労働者の人数（常時）により次の者を選任します。

- ●総括安全衛生管理者（100人以上）
- ●安全管理者（50人以上）
- ●衛生管理者（50人以上）

補足

4
安全管理

統括安全衛生責任者
健康診断の実施と健康教育を行うことについての職務はありません。

総括安全衛生管理者
常時100人以上の労働者を使用する事業場で選任します。業務は次のとおりです。

・労働者の安全または衛生教育
・労働者の危険，健康障害の防止
・健康診断の実施，健康増進
・労働災害の原因調査，再発防止

安全管理者
常時50人以上が働く事業場で選任します。安全にかかわる技術的事項を管理します。

衛生管理者
常時50人以上が働く事業場で選任します。衛生にかかわる技術的事項を管理します。

産業医
常時50人以上の事業場に置きます。

安全衛生推進者
常時10人以上50人未満で選任します。総括安全衛生管理者と同様の業務を行います。

- 産業医（50人以上）
- 安全衛生推進者（10人以上50人未満）

過去問にチャレンジ！

　　　　　　　　　　　　　　　　　　難　**中**　易

図に示す，元請けと下請けが混在して，常時50人以上の労働者が作業を行う建設現場の安全衛生管理体制において，A社およびB社が選任しなければならない者の組合せのうち，「労働安全衛生法」上，正しいものはどれか。

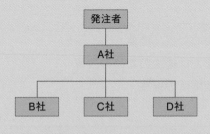

	（A社）	（B社）
(1)	総括安全衛生管理者	安全衛生推進者
(2)	総括安全衛生管理者	安全衛生責任者
(3)	元方安全衛生管理者	安全衛生推進者
(4)	元方安全衛生管理者	安全衛生責任者

解　説

　元請けと下請けが混在していること，常時50人以上の労働者が作業を行うことから，A社は元方安全衛生管理者，B社は安全衛生責任者を選任します。総括安全衛生管理者は，1つの事業所内で100人以上の作業者のとき選任します。

解　答　(4)

第6章

施工管理法
（施工編）

機器の設置

まとめ & 丸暗記　　この節の学習内容とまとめ

☐ 床置き用設備機器のコンクリート基礎で多量に打設する場合，レ
ディーミクストコンクリートを使用（設計基準強度は $18N/mm^2$，
スランプは18cmが標準）

☐ コンクリート基礎

打設量	コンクリートの種類	備　考
多	レミコン	呼び強度：$21N/mm^2$
少	現場練り	セメント：1，砂：2，砂利：4

☐ 大型機器，重量機器の基礎
　・大型機器は鉄筋入り
　・運転荷重の3倍以上の長期荷重に耐える
　・コンクリートの打込み後，10日経過後に機器を設置

☐ アンカーボルトの施工
　・埋込みアンカー
　・箱抜きアンカー
　・後施工アンカー（金属拡張アンカー，接着系アンカー）

☐ アンカーボルトの種類
　L形，LA形，J形，JA形，埋込みヘッド形

☐ 防振基礎の部材

	ばね定数	変　位
金属ばね	小	大
防振ゴム	大	小

重量機器

1 基礎

　一般に，床置き用設備機器の基礎として多量のコンクリートを打設する場合，レディーミクストコンクリートを使用し，呼び強度は21N/mm²とします（設計基準強度は18N/mm²で，スランプは18cm）。

　少量のコンクリートを現場練りする場合，セメント：1，砂：2，砂利：4程度の体積比とします。

　大型機器の基礎は，コンクリートの打込み後，適切な養生を行い，10日経過した後に機器を据え付けます。大型機器の場合は，コンクリート内に鉄筋を入れ，引張強度を強くします。

　コンクリート基礎の標準的高さは表のとおりです。なお基礎の幅は，一般に，架台より100～200mm広くします。

機器	基礎の高さ
冷凍機	150mm
送風機	150～300mm
ポンプ	標準基礎：300mm　　防振基礎：150mm

　ポンプ2台を並べる場合，基礎の間隔は500mm以上です。

2 アンカーボルト

　機器をコンクリート基礎に固定するためにアンカーボルトを取り付けます。施工方法による分類は，次の

レディーミクストコンクリート
通称レミコンと呼ばれるもので，コンクリート工場で配合され，ミキサー車で現場に運搬される生コンクリートをいいます。

呼び強度
コンクリートの圧縮強度です。設計基準強度（後述）を，少し割増した数値です。

設計基準強度
設計時に考慮した圧縮強度です。

養生
シートで覆い，乾燥しないようにします。重量機器の場合，5日では足りず，10日は養生します。

アンカーボルト
引抜力，せん断力に十分耐えられるように，本数，長さ，直径を決めます。振動を伴う機器は，固定ナットが緩まないようにダブルナットとし，頂部にねじ山が3山程度出るようにします。

とおりです。

①埋込みアンカー

コンクリート打設前にセットするため，十分な位置決めが必要です。

②箱抜きアンカー

コンクリート打設時は箱（型枠で作ったもの）で抜いておき，コンクリートが流れ込まないようにします。アンカーボルトを設置し，後からモルタルなどを詰めます。位置に関しては，箱内で多少の融通はききます。

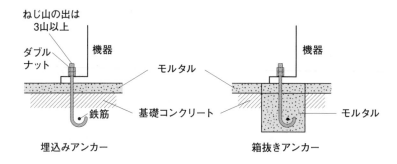

アンカーボルトを種類により分類すると，**L形**，**LA形**，**J形**，**JA形**，埋込みヘッド形があります。L形アンカーボルトは，J形およびヘッド付アンカーボルトより，許容引抜力は小さくなります。

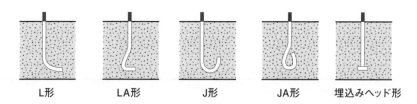

③後施工アンカー

コンクリート打設後にドリルで穴を開けて設置します。穴の中で拡張部が開き，機械的に固定される**金属拡張アンカー（メカニカルアンカー）**と，穴に充填した接着剤で固着する**接着系アンカー**があります。金属拡張アンカー

ボルトは，おねじ形のほうがめねじ形より許容引抜力が大きくなります。

施工手順 ⓐ→ⓑ→ⓒ

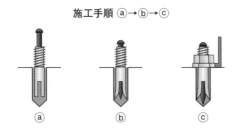

ⓐ ⓑ ⓒ

ⓐコンクリートの基礎にドリルで穴を開け清掃。ホールインアンカーを挿入し，ピンを打撃する。
ⓑボルトの下部が拡張し，コンクリートに定着する。
ⓒ固定する機器にナットで固定する。

3 冷凍機の設置

　冷凍機のコンクリート基礎は，運転時における全体質量の3倍以上の長期荷重に耐えられるものとします。冷凍機凝縮器のチューブ引出し用として，有効な空間を確保するとともに，保守点検のため，周囲に1m以上のスペースを確保します。

4 冷却塔

　冷却塔（クーリングタワー）の設置に関しては，次の点に留意します。
- 吸込み風量不足となるので，冷却搭の吸込み口付近には障害物を設けないようにします。
- 冷却搭で発生したレジオネラ属菌を吸入するおそれがあるため，空調用外気取入れ口近くには設置しないようにします。
- 屋上に設置する場合，冷却塔の補給水口の高さは，

補足

許容引抜力
アンカーボルトが耐えることのできる引抜力です。

接着系アンカー
メカニカルより引抜力は大きいですが，樹脂垂れがあり天井面への取付け（上向き施工）はできません。

おねじ，めねじ
アンカーボルト本体の外側にねじが切ってあるのがおねじで，内部にねじが切ってあるのがめねじです。

長期荷重
通常かかっている荷重で，地震時の荷重（短期荷重という）は考慮しません。

レジオネラ属菌
肺炎などを引き起こす細菌です。

ボールタップ
タンクの水量を自動調節する器具です。

ボールタップを作動させるため，高置タンクの低水位より3mの落差が確保できる位置とします。

5 そのほかの機器

- ユニット形空気調和機は，コンクリート基礎（高さ150mm）の上に防振ゴムパッドを敷き，水平に据え付けます。
- 空気調和機のドレンパンからの排水管には，機内静圧以上に相当する排水トラップの深さ（封水深さ）をもった排水トラップを設けます。
- コイルセクションは，送風機の吸込みのため負圧になります。また，コイルセクションは，冷却時にドレンが発生するため，ドレンパンを設けますが，そのままでは空気が侵入してしまいます。そのため，トラップを設けて機内の負圧以上の封水を確保します。
- ボイラ基礎は，ボイラ前面と壁・配管などの構造物との離隔は1.5m，上部は1.2m以上とします。

6 耐震対策

直方体の機器の四隅を1本ずつのアンカーボルトで床上基礎に固定する場合の，アンカーボルト1本当たりの引抜力 R_b〔N〕を計算してみましょう。

ただし，機器重量を W〔N〕，設計用水平地震力 $F_H = W$〔N〕，設計用鉛直地震力 $F_V = 0.5W$〔N〕とし，G は重心を表します。

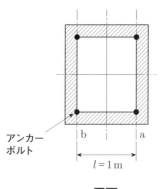

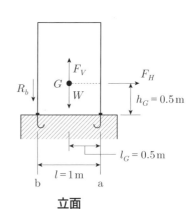

平面　　　　　　　　　立面

◆考え方

モーメントのつり合いを考えます。地震力は，左から右に F_H，下から上に F_V が働いています。この力に対抗するため，機器の重量と2本のアンカーボルトが下向きに働きます。

a点を基準にし，モーメントを考えると，次の式が成り立ちます。

$$F_H \times h_G + F_V \times l_G = W \times l_G + 2R_b \times l \quad \cdots\cdots①$$

①から，$W \times 0.5 + 0.5W \times 0.5 = W \times 0.5 + 2R_b \times 1$

よって，$R_b = \dfrac{W}{8}$ です。

補足

ドレン
機器や配管から流出する水のこと。ドレンパンは，ドレンの受け皿。

コイルセクション
空気調和機の，冷水コイル，温水コイルの部分をいいます。

運転荷重
運転時における全重量で，機器自重＋内容物重量です。

過去問にチャレンジ！

問1　　　　　　　　　難　中　易

機器の基礎およびアンカーボルトに関する記述のうち，適当でないものはどれか。

(1) 基礎に多量のコンクリートを打設する場合，レディーミクストコンクリートを使用し，呼び強度は $21\mathrm{N/mm^2}$ とする。

(2) 大型直だき吸収冷温水機の基礎は，コンクリートの打込み後，適切な養生を行い，10日経過した後に機器を据え付ける。

(3) L形アンカーボルトは，J形およびヘッド付アンカーボルトに比べて，許容引抜き荷重が大きい。

(4) 後施工アンカーボルトにおいては，接着系アンカーは，下向き取付けの場合，金属拡張アンカーに比べて，許容引抜き荷重が大きい。

解説

L形アンカーボルトは，J形およびヘッド付アンカーボルトに比べて，許容引抜き荷重が小さくなります。

解答 (3)

防振

1 金属ばねと防振ゴム

防振基礎の部材として，金属ばね（金属コイルばね）や防振ゴムがあります。防振ゴムパッドは，ゴムを板状にしたものです。

金属ばねは，ばね定数（荷重と伸びの比）が小さく，少しの力で伸縮するため，載荷した場合の変位（たわみ）が大きくなります。また，金属ばねは，低振動数でも良好な振動絶縁性を示しますが，高い強制振動数に対してサージングを起こすことがあります。一方，防振ゴムは，垂直・水平方向の変位に追随できます。

金属ばねと防振ゴムの併用も効果があります。

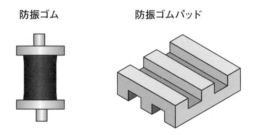

防振ゴム　　　　　防振ゴムパッド

2 防振基礎

防振基礎の固有振動数（周期的な外力によらない機器固有の振動数）が機械の振動数に近いと共振が生じ，振動が大きくなります。防振基礎の固有振動数は，機械の強制振動数より小さくしますが，一般に，回転数の小さい機器（低振動数）の振動を絶縁しにくいの

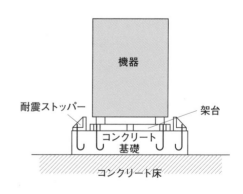

機器

耐震ストッパー　　　架台

コンクリート基礎

コンクリート床

は，それより小さい固有振動数の基礎を作るのが難しいためです。

　防振架台に載せる機器の重量が大きいほど，振動伝達率は小さくなり，防振基礎の固有振動数は小さくなります。振動伝達率とは，防振基礎上の機器が起こす振動が，床に伝わる割合です。

　地震時に大きな変位を生じるおそれのある防振基礎には，耐震ストッパーを設けます。耐震ストッパーと機器との間隔は，平常運転時に接触しない程度とします。

補足

強制振動
外部から周期的に力を加えたときに発生する振動をいいます。

サージング
振動や騒音を起こすことです。

防振基礎
金属ばねや防振ゴムを用いて，振動を軽減する装置です。

過去問にチャレンジ！

問1　　　　　　　　　難　中　易

防振に関する記述のうち，適当でないものはどれか。

(1) 金属ばねは，高い強制振動数に対して，サージングを起こすことがある。

(2) 防振ゴムは，一般に，金属ばねに比べて，ばね定数が小さい。

(3) 振動伝達率は，防振架台に載せる機器の重量が大きくなると，小さくなる。

(4) 防振ゴムは，垂直方向だけでなく，水平方向も防振性能を発揮できる。

解説

　防振ゴムは，一般に，金属ばねに比べて，荷重をかけたときの変位は小さい。つまり，防振ゴムのばね定数は大きいことになります。

解答　(2)

2 配管工事

まとめ & 丸暗記　この節の学習内容とまとめ

- ☐ 管を切断する工具　帯のこ盤，パイプカッター，ガス溶断
- ☐ 溶接接合
    - ・アーク溶接（鋼材）
    - ・TIG 溶接（ステンレス鋼管）
- ☐ 減圧弁　給水圧が400kPaを超える給水管に設置
- ☐ 屋外排水管の直管部　管径の120倍以内に枡を設置

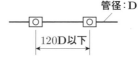

管径：D

120D以下

- ☐ 雨水枡　泥だまり用に底面から15cmを確保

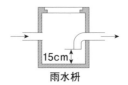

15cm

雨水枡

- ☐ 冷温水管
    流入管：空気調和機のコイル下部に接続
    流出管：コイル上部に接続
    自動空気抜き弁：管内が正圧になる場所
    電動三方弁：冷温水コイルの返り管側
- ☐ 蒸気管
    先下がり配管，蒸気トラップ，ローラ金物で支持
- ☐ 順勾配

上がり勾配　　　　　　　下がり勾配

冷温水管　　　　蒸気管

配管工事全般

1 管の切断

管を切断する工具には，次のものがあります。

①帯のこ盤

高速で切断するため，切断精度が高く，鋼管系の管に多用され，硬質塩化ビニルライニング鋼管の切断にも適しています。

②パイプカッター

管を挟んでローラ刃を回転させて切断します。50A以下の細い管で使用されますが，内面にめくれができるので，あまり好ましくはありません。

③ガス溶断

管を斜めに切断する場合，ガス溶断機を用います。切り口が波を打つのでグラインダーで仕上げます。

2 管の接合

溶接接合，フランジ接合，メカニカル接合，接着接合など管種に応じて各種の接合方法があります。

溶接接合は，アーク溶接が主流で，ステンレス鋼管にはTIG溶接が使用されます。突合せ溶接の開先加工は，管厚が4mm以下ならI形でよいが，4mmを超えて20mmまではV形とします。

補足

帯のこ盤
自動金のこ盤とも呼ばれています。ライニング鋼管にも使用できます。

ガス溶断
配管の突合せ溶接で，開先をV字形にする場合などに用います。

I形　　　V形

アーク溶接
溶接棒と母材間に大電流を流し，アーク（放電）により熱融着させます。

TIG溶接
タングステン・イナート・ガス溶接の頭文字を取ったものです。イナートガスとは不活性ガスの一つです。

3 管の支持

管の支持方法は，次の点に留意します。

- 管の曲がり部，立ち上がり，分岐部などは，その近くの位置で支持します。建物のエキスパンションジョイント部に可とう管継手を設ける場合も，継手の近傍で支持します（P328参照）。
- 立て管に鋼管を用いる場合，各階1箇所に**形鋼振れ止め支持**をします。
- 伸縮する立て管を振れ止め支持する場合，支持点は管が上下方向に動くように軽く締め付けます。※**立て管の支持には，固定と振れ止めがあります。**
- ステンレス鋼管を鋼製金物で支持する場合，絶縁材を介して支持します。**異種金属**が接触すると腐食するためです。

過去問にチャレンジ！

問1　　　　　　　　　　　　　　　　　　　難　**中**　易

配管の施工に関する記述のうち，適当でないものはどれか。

(1) 硬質塩化ビニルライニング鋼管の面取り加工は，ライニングされた硬質塩化ビニル管の厚さに対し $\dfrac{1}{2}$ から $\dfrac{1}{3}$ 程度とする。

(2) 厚さ5mmの肉厚の炭素鋼管を突合せ溶接接合する場合の開先は，I形開先とする。

(3) 帯のこ盤や丸のこ切断機は，硬質塩化ビニルライニング鋼管の切断に適した工具である。

(4) ステンレス鋼管の切断に，炭素鋼用の刃を用いると，刃先が鈍り，焼付きを起こしやすくなる。

解 説

厚さ4mmを超える肉厚の炭素鋼管を突合せ溶接接合する場合の開先は，V形開先とします。

解 答　(2)

給排水管の施工

1 給水管の施工

給水管の施工では，次の点に注意します。

- 保守および改修を考慮して，主管の適当な箇所にフランジ継手を設けます。

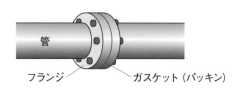

フランジ　　　　　　ガスケット（パッキン）

- 横引き管の勾配は $\dfrac{1}{250}$ を標準とします。

- 給水圧が400kPaを超える給水管には，減圧弁を設けます。

2 排水管の施工

排水管の施工では，次の点に注意します。

- 排水管の継手にはリセスを設けたものを用いて，継手に接続される配管内面と，継手内面を同一レベルにしてドレンが滞留しないようにします。

- 排水立て管は，上階から下階まで同じ管径です。

- 屋外排水管の直管部において，管径の120倍以内に枡を設けます。

  【例】管径200mm → 200mm×120＝24m

- 屋外で給水管と交差する場合，給水管の50cm以上下に敷設します。

- 雨水枡には，深さ15cm以上の泥だまりを設けます。

管の支持
Uボルトは，管軸方向の滑りに対する拘束力が小さいため，固定支持には使用しません。

管と配管
「管」は管そのもの，「配管」は管をつなぐ一連の工事を含むものを指します。一方，過去の出題では，「管」と「配管」の混在も見受けられますので，本書では便宜上，「管」と表記します。

減圧弁
流入側の流体圧力を下げる弁です。

リセス
継手と管の段差が小さくなるように設けた，管継手のめねじ奥部に設けた窪みです。

ねじ込み式排水管継手

リセス

肩

リセス

●屋内排水管の直管部には，次の間隔で掃除口を設けます。

管径	掃除口の間隔
100mm以下	15m以内
100mmを超える	30m以内

3 試験

給水管の水圧試験には，次のような種類があります。

種類	試験圧力
給水装置（給水管，給水用具）	1.75MPa
揚水管	全揚程に相当する圧力の2倍
高置水槽以下の配管	静水頭に相当する圧力の2倍

過去問にチャレンジ！

問1 　　　　　　　　　　　　　　　難　**中**　易

給水管の施工に関する記述のうち，適当でないものはどれか。

(1) 給水圧が400kPaを超える給水管に，減圧弁を設けた。
(2) 保守および改修を考慮して，主配管の適当な箇所にフランジ継手を設けた。
(3) 横引き配管の勾配を$\frac{1}{250}$とした。
(4) 揚水管の試験圧力を，揚水ポンプの全揚程に相当する圧力の1.5倍とした。

解説

揚水管の試験圧力は，揚水ポンプの全揚程に相当する圧力の2倍です。

解答 (4)

冷温水管の施工

1 リバースリターン

　冷温水管において，ダイレクトリターン方式では，放熱器に対する配管の**摩擦損失抵抗**（圧力損失）は，ポンプに近いほど小さくなりますが，遠いほど大きくなりバランスが悪くなります。

　一方，リバースリターン方式では，各放熱器への配管の摩擦損失抵抗がほぼ等しくなります。（P332参照）

2 管の勾配

　冷温水管では，流入管は空気調和機のコイル下部に接続し，流出管はコイル上部に接続します。これは，空気を下から上に逃がすためです。

　横走り管は，冷却塔に向かって $\dfrac{1}{250}$ 程度の先上がり勾配とします。

　冷温水管では，先上がりが順勾配で，先下がりは逆勾配です。（P331参照）

3 弁

　冷温水管内や放熱器内に，冷温水から分離した空気が溜まることがあります。空気は流れを阻害するものなので除去する必要があり，そのために**自動空気抜き弁**を設置します。冷温水管の配管頂部に設ける自動空気抜き弁は，管内が正圧になる場所に取り付けます。

補足

給水管
飲料用高置タンクからの給水配管が完了したら，末端部で遊離残留塩素濃度が0.2mg/L以上となるまで塩素消毒します（通常時の既定値は0.1mg/L以上）。

全揚程
ポンプが揚水するのに必要な全エネルギーを水頭で表したものです。

揚水管
試験圧力は全揚程の2倍とするが，0.75MPaに満たない場合は，0.75MPaとします。

ダイレクトリターン
放熱器からの還り管をすぐに戻す配管方法です。

リバースリターン
各放熱器の往き管と還り管の長さの合計を，ほぼ同じにする配管方法です。

負圧となる場所ではありません。

　冷温水管からの膨張管を開放形膨張タンクに接続する場合，メンテナンス用バルブを設けることはできません。

　また，空気調和機の**冷温水量を調節する電動三方弁**は，冷温水コイルの返り管側に設けます。

　弁がもっとも上の位置にあるときは，①からの流れは遮断され，水は②から③へ流れます。弁が中間位置にあるときは，①と②から③へと水が流れ込みます。弁がもっとも下の位置にあるときは，水は①から③へ流れます。

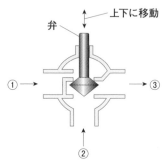

電動三方弁

4　接続

　冷温水管の接続では，次の点に注意しましょう。

- 冷温水管には，熱による伸縮を吸収するために**伸縮継手**を設けます。ベローズ形伸縮管継手を用いる場合は，一般に，接液部がステンレス製のものを用います。

　　※フレキシブルジョイント（可とう継手）ではありません。

- 冷温水管の主管の曲部には，ベンドまたはエルボを用います。

- 冷温水管の主管から枝管を分岐する場合は，枝管にエルボを3個以上用いて分岐します。**スイベルジョイント**です。

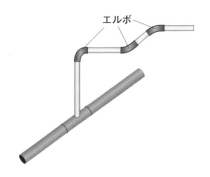

エルボ

● 冷温水管の横走り管で径違い管を接続する場合は，偏心異径管継手（偏心径違い継手，別名レジューサ）を用います。

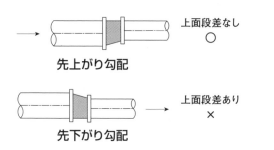

ベローズ形伸縮継手
蛇腹状の伸縮継手です。

ベンド・エルボ
管の屈曲部に用います。一般に，ベンドは曲げ半径の大きいもの，エルボは小さいものをいいます。

● 配管の接続において，鋼管のねじ接合部には，ペーストシール剤を用います。

ペーストシール
接合部の水密性を確保する糊状の材料です。

過去問にチャレンジ！

問1　　　　　　　　　　　　　難　**中**　易

冷温水管の施工に関する記述のうち，適当でないものはどれか。

(1) 主管の曲部に，ベンド管やロングエルボを用いて接続した。

(2) 管の熱による伸縮を考慮して，フレキシブルジョイントを用いて接続した。

(3) 横走り管に，レジューサを用いて径違い管を接続した。

(4) 配管頂部に設ける自動空気抜き弁は，管内が負圧にならない場所に設けた。

解 説

　管の熱による伸縮を吸収するのは，伸縮継手です。フレキシブルジョイントは，可とう継手のことで，管軸と垂直方向の変位を吸収するものです。

解 答　(2)

蒸気管の施工

1 勾配

　一般に，蒸気の流れ方向と凝縮水の流れ方向は同一の先下がり配管とし，勾配は$\dfrac{1}{250}$とします。先上がりにすると，蒸気の流れを凝縮水の流れが妨げることになります。凝縮水とは，蒸気が冷えてできる水のことです。水は低いほうに流れていきます。したがって，蒸気管では，先下がりが順勾配です。

　順勾配の横走り管で径の異なる管を接続する場合は，**偏心異径継手**（偏心径違い継手，レジューサ）を用いて，下部が揃うように施工します。やむを得ず逆勾配とする場合は，管サイズを大きくする必要があります。

2 蒸気トラップ

　蒸気管内および機器内に溜まった凝縮水は，給気の障害となり，また，スチームハンマーの原因となるため，**蒸気トラップ**を設けます。蒸気トラップとは，放熱器や蒸気管の末端などに取り付け，蒸気の流れを阻止する凝縮水と空気を排出するものです。

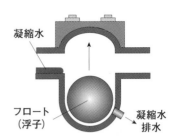

凝縮水

フロート
（浮子）

凝縮水
排水

3 ローラ金物

　蒸気管は，伸縮するため，**ローラ金物**で支持しつつ，ある程度自由に管軸方向に伸び縮みできるようにします。

蒸気管の横走り配管を下方より形鋼振れ止め支持により支持する場合，保温材を施さずにローラの上に載せて取り付けます。

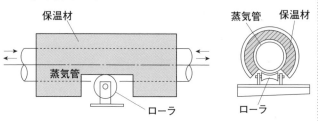

保温材

蒸気管

ローラ

蒸気管　保温材

ローラ

補足

順勾配
配管内の液体と気体が同じ方向に流れる勾配です。冷温水管では下流が高くなる勾配のことです。順勾配の反対が逆勾配です。逆勾配は，圧力損失が大きくなり，振動・騒音が発生します。

過去問にチャレンジ！

問1　　　　　　　　　　　　　難　**中**　易

蒸気配管の施工に関する記述のうち，適当でないものはどれか。

(1) 順勾配の横走管で径の異なる管を接続する場合は，偏心径違い継手を用いて，上部が揃うように施工する。

(2) 障害物を避けるためループ配管とする場合は，蒸気管では下部の管を還水管では上部の管を細くする。

(3) 減圧弁廻りにバイパスを設ける場合の管径は，一次側口径の $\frac{1}{2}$ とする。

(4) 一般に，蒸気の流れ方向と凝縮水の流れ方向は同一の先下り配管とし，勾配は $\frac{1}{250}$ とする。

解　説

蒸気配管の順勾配とは先下がり配管である。偏心径違い継手で上部を揃えると下部は段差ができ，凝縮水の流れが阻害されるので下部を揃えます。

解　答　(1)

3 ダクト工事

まとめ & 丸暗記　この節の学習内容とまとめ

- ☐ 長方形ダクトの継目
  - ・継目は，原則2箇所以上
  - ・構造は，ピッツバーグはぜまたはボタンパンチスナップはぜ
  - ・ダクトの長辺が45cmを超える場合，30cm以下のピッチでリブ補強
  - ※保温を施すダクトには設けない

- ☐ 継目の種類

　　甲はぜ　　　ピッツバーグはぜ　　ボタンパンチスナップはぜ

- ☐ ダクト接続方法
  アングルフランジ工法
  共板フランジ工法
  スライドオンフランジ工法

- ☐ スパイラルダクト
  - ・帯状の亜鉛鉄板をらせん状に甲はぜ掛け
  - ・高圧ダクト
  - ・径60cm未満は，差し込み継手（それより大はフランジ継手）

- ☐ 接続ダクトへの変形
  拡大：15度以下　　縮小：30度以下

ダクトの施工

1 ダクトの継目

　長方形ダクトの角の**継目**は，強度を保つため原則として2箇所以上とします。

　厨房，浴室など**多湿箇所**の排気ダクトの継目は，原則として上部2箇所で継目を取る**U字形**とし，**下部に継目を設けない**ようにします。

　継目の構造は，ピッツバーグはぜまたはボタンパンチスナップはぜとします。

2 ダクトの補強

　ダクトを補強する目的で，**リブ**を**30cm以下**のピッチで設けます。補強リブを設けるのは，保温を施さない長方形ダクトで**長辺が45cm**を超える場合です。

　ダイヤモンドブレーキもリブ同様の目的です。

リブの形状は ⌒⌒

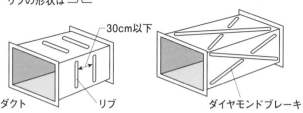

ダクト　　　リブ　　　　　ダイヤモンドブレーキ

　耐震支持として，横走り主ダクトには，**12m以内**の間隔で**形鋼振れ止め支持**を施します。

補足

継目
長辺が75cm以下のダクトは，1箇所以上とします。

ピッツバーグはぜ

内側　　　外側

漏れが少なく強度も大きいので，排煙ダクトに使用されます。

ボタンパンチスナップはぜ

内側　　　外側

リブ
ダクト表面に設けた突起で，保温材を巻くダクトには，長辺が45cmを超えるダクトであってもリブ補強は不要です。リブがあると，保温材とダクト間にすき間ができ，保温効果が減じられるからです。

3 ダクトの継手

ダクトの接続方法は，次のように分類されます。

①アングルフランジ工法

アングル（山形鋼）をダクトの全周に，溶接またはリベットにて取り付け，ダクト間にガスケット（パッキン）を挟んでボルトで締め付けます。

フランジ部の鉄板の折返しは5mm以上とします。

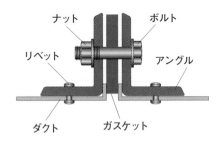

②コーナーボルト工法

コーナーボルト工法には，共板フランジ工法とスライドオンフランジ工法があります。

● 共板フランジ工法

ダクト端部を折り曲げてフランジを成形し，コーナー金具，フランジ押さえ金具と，四隅のボルト・ナットで接続します。

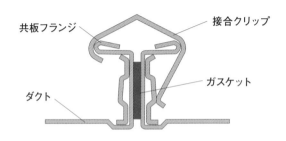

アングルフランジ工法に比べて**接合締付力が劣る**ため，ガスケットに厚みのあるものを使用し，弾力性をもたせ，天井内の横走りダクトの吊り間隔も短くします。

● スライドオンフランジ工法

ダクトとは異なる鋼板を用いてフランジを作り，四隅のボルト・ナットで接続します。

アングルフランジ工法，コーナーボルト工法とも，空気の漏れ防止のため，**フランジの四隅にシール**を施した上，接合部にガスケットを使用します。

4 スパイラルダクト

帯状の亜鉛鉄板をらせん状に**甲はぜ掛け**した，円形のものが主流です。

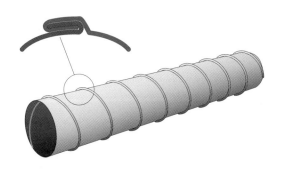

板厚が薄いにもかかわらず，外側の甲はぜが補強の役割を果たすため，強度が高く，補強を必要とせず高圧ダクトとして使用できます。

一般的に，差し込み継手は径60cm未満のものに使われるが，60cm以上のものはフランジ継手を使用します。

 補足

フランジ
管同士，ダクト同士を接合するときに用いるツバ状の形をしたものです。

コーナーボルト工法
四隅をボルト・ナットで接続する工法です。

甲はぜ
折り幅は4.8mm以上とします（標準は4.8mm）。

高圧ダクト
低圧ダクト以外のダクトです。一般に高圧ダクトを高速ダクト（15m/s越える），低圧ダクトを低速ダクト（15m/s以下）といいます。低圧ダクトとは，通常の運転時におけるダクト内圧が正圧，負圧ともに500Pa以内で使用するダクトです。アングルフランジ工法では，高圧ダクト，低圧ダクトにかかわらず，横走りダクトの吊り間隔は同じです（3.64m）。

3 ダクト工事

差し込み継手は，継手の外側にシール材を塗布してスパイラルダクトに差し込み，鋼製ビス（鉄板ビス）止めします。その上にダクト用テープで差し込み，長さ以上の外周を二重巻きします。

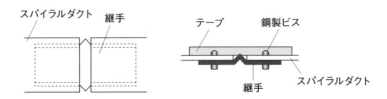

5 曲がり部

長方形ダクト用エルボの内側半径は，原則として，ダクトの半径方向の幅の $\dfrac{1}{2}$ 以上とします。

円形ダクトの曲がり部の内側半径は，円形ダクト直径の $\dfrac{1}{2}$ 以上とします。

直角エルボに案内羽根を設ける場合，板厚は，ダクトの板厚と同じにします。

送風機の吐出し口直後にエルボを取り付ける場合，吐出し口からエルボまでの距離は，送風機の羽根径の1.5倍以上です。

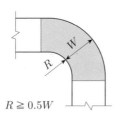

$R \geqq 0.5W$

R：曲がり部の内側半径
W：円形ダクトの直径

曲がり部の内側半径

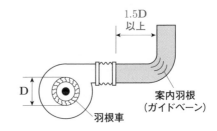

D：送風機の羽根径

吐出し口からエルボまでの距離

6 拡大・縮小部

送風機吐出し口から接続ダクトへの変形は，急激な変形を避けて傾斜角15度以下の漸拡大（緩やかな拡大）とします。

縮小の場合は，30度以下とします。

案内羽根
ダクトの曲がり部分に設けるガイドベーンのことです。

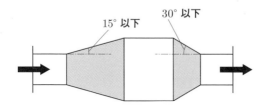

過去問にチャレンジ！

問1 　　　　　　　　　　　　　　　　難　中　易

ダクトの施工に関する記述のうち，適当でないものはどれか。

(1) アングルフランジ工法ダクトは，フランジ部の鉄板の折返しを5mm以上とする。

(2) 共板フランジ工法ダクトは，天井内の横走りダクトの吊り間隔をアングルフランジ工法ダクトより短くしなければならない。

(3) 亜鉛鉄板製の排煙ダクトは，角の継目にピッツバーグはぜを用いてはならない。

(4) 送風機の吐出し口直後にエルボを取り付ける場合，吐出し口からエルボまでの距離は，送風機の羽根径の1.5倍以上とする。

解説

亜鉛鉄板製の排煙ダクトは，角の継目には機密性の高いピッツバーグはぜを用いるとよいです。

解答 (3)

ダクト付属品の施工

1 ダンパー

ダンパーとは，風量を調節するための装置です。**風量調節ダンパー（VD）の多翼ダンパーには平行翼ダンパーと対向翼ダンパー**があります。風量調節機能は，対向翼ダンパーのほうが優れています。風量調整ダンパーは，エルボからダクト幅の8倍以上の直線部の後に設置します。VDは騒音が出るので，**消音エルボをVDの下流側**となるように設置します（VDは消音エルボの上流。P336参照）。

防火ダンパーを天井内に取り付ける場合，保守点検が容易に行えるように，1辺の長さが**45cm以上の点検口**を設けます。防火壁から防火ダンパーまでのダクトの板厚は**1.5mm以上**とします。防火ダンパーの温度ヒューズ作動温度（溶断温度）は，次のとおりです。

系統	作動温度
一般	72℃
厨房排気	120℃程度
排煙ダクト	280℃

2 吹出し口

シーリングディフューザ形吹出し口とダクトの接続には，ボックス，羽子板またはフレキシブルダクトが使用されます。

壁付き吹出し口は，**誘引作用による天井面の汚れを防止**するため，吹出し口上端と天井面との間隔を**15cm以上**とします。

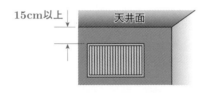

3 たわみ継手

送風機の出入口で，ダクトに接続する部分に設けます。キャンバス継手ともいい，送風機の吸込み口側にダクトを接続する場合，負圧になるので，たわみ継手はピアノ線入りとします。

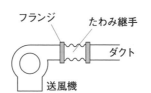

フランジ　たわみ継手

ダクト

送風機

誘因作用
送風された空気が，吹出し口周辺の空気を巻き込むことです。

たわみ継手
送風機の振動を，ダクトに伝搬させないための継手です。

3
ダクト工事

過去問にチャレンジ！

問1

難　**中**　易

ダクトおよびダクト付属品に関する記述のうち，適当でないものはどれか。

(1) 厨房用器具の排気フードの板厚は，亜鉛鉄板製のほうがステンレス鋼板製より厚くしなければならない。

(2) 亜鉛鉄板製円形スパイラルダクトは，保温を施さない場合でも，一般に，補強を必要としない。

(3) 送風機の吸込み口側にダクトを接続する場合に用いるたわみ継手は，ピアノ線入りとする。

(4) 風量調節ダンパーは，平行翼ダンパーのほうが対向翼ダンパーより風量調節機能が優れている。

解 説

平行翼ダンパーは，羽根間隔が平行に開くもので，対向翼ダンパーは観音開きで開きます。下流側の偏流が起こりにくいのは，対向翼ダンパーであり，風量調節機能は優れています。

解 答 (4)

4 最終工事と試験

まとめ & 丸暗記 　この節の学習内容とまとめ

- 保温材の許容温度（高い→低い順）
  ロックウール＞グラスウール＞ウレタンフォーム＞ポリスチレンフォーム

- 送風機の設置
  ・#2未満 $\left(\text{\#1と\#1}\dfrac{1}{2}\right)$：吊りボルト施工が可能
  　　　　　　　　　　　　　ブレース（筋かい）付き
  ・#4以上：原則床置き

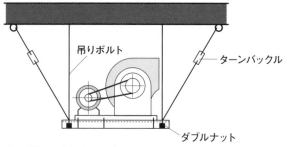

- 送風機の試運転調整
  ①手で回し，羽根と内部に異常な当たりがないか
  ②瞬時運転し，送風機の回転方向とベルトの張力が下側
  ③ダンパーを全閉にして起動し，徐々に開いて調整
  ④軸受温度は，周囲の空気温度より40℃以上高くないこと

- ポンプの試運転調整
  ①手で回し，ポンプが軽く回ること
  ②吐出し側バルブは全閉状態から徐々に開く
  ③メカニカルシールの摺動部は，ほとんど水が漏れないか
  ④軸受温度は，周囲の空気温度より40℃以上高くないこと

保温

1 保温材の種類

主な保温材は次のとおりです。

	保温材	許容温度上限値(℃)
有機系発泡質保温材	ポリスチレンフォーム	70
	ウレタンフォーム	100
繊維系保温材	グラスウール	350
	ロックウール	600

　有機系発泡質保温材は，繊維系保温材に比べて許容温度の上限が低いことがわかります。

　一般に保温材は水にぬれると効果は減りますが，ポリスチレンフォーム保温材は，水にぬれた場合でもあまり吸湿しないので，グラスウール保温材に比べ熱伝導率の変化は小さいのです。グラスウール保温材の24K，32K，40Kという表示は，保温材の密度を表すもので，数値が大きいほど熱伝導率が小さいことを表しています。つまり断熱性能に優れます。

2 鉄線巻き

　帯状保温材の鉄線巻きは，5cmピッチ（スパイラルダクトの場合は15cmピッチ）以下のらせん巻き締めとします。

　保温帯を2層以上重ねて所定の厚さにするときは，保温帯の各層をそれぞれ鉄線で巻き締めます。

補足

有機系発泡質保温材
プラスチックの内部にたくさんの気泡を作った断熱材です。

繊維系保温材
ガラスなどを細かく繊維状にしたものを加圧成形し，空気を動きにくくした断熱材です。

許容温度上限値
使用できる最大の温度のことです。表中の数値は概数値です。

3 貫通部

冷温水管が壁，床などを貫通する場合，結露を考慮して，必ず保温被覆を行います。

管およびダクトの床貫通部は，保温材保護のため，床面より少なくとも高さ15cm程度までステンレス鋼板で被覆します。

蒸気管などが壁，床などを貫通する場合，伸縮を考慮して，その面から25mm程度は保温被覆をしません。

※防火区画された壁ではありません。

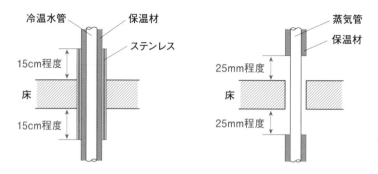

なお，管の保温材としてグラスウール保温材を使用している場合でも，防火区画を貫通する部分はロックウール保温材を使用します。

4 保温要領

保温施工で気密性が不十分であると，内部結露が発生します。保温材の厚さやポリエチレンフィルムの巻き方などが，内部結露を防止する上で重要となります。

筒状保温材は管径に適合する寸法のものを使用し，合わせ目にすき間が生じないようにします。

保温筒相互の間げきは，できる限り少なくし，重ね部の継目は同一線上にならないよう，ずらして取り付けます。

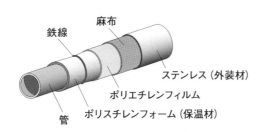

鉄線
麻布
ステンレス（外装材）
ポリエチレンフィルム
ポリスチレンフォーム（保温材）
管

4 最終工事と試験

　冷温水管の保温施工において，ポリエチレンフィルムを補助材として使用する場合の主な目的は，保温材が吸湿して熱伝導率が大きくなることを防ぐためです。保温材の脱落防止ではありません。

　なお，管の保温施工は，水圧試験の後に行います。

過去問にチャレンジ！

問1
難 **中** 易

保温に関する記述のうち，適当でないものはどれか。

(1) 保温筒の抱合せ目地は，同一線上にならないようずらして取り付ける。

(2) グラスウール保温材の24K，32K，40Kという表示は，保温材の密度を表すもので，数値が大きいほど熱伝導率が小さい。

(3) 室内露出配管の床貫通部は，その保温材の保護のため，床面より少なくとも高さ150mm程度までステンレス鋼板で被覆する。

(4) ポリエチレンフォーム保温材は，水にぬれた場合，グラスウール保温材に比べ熱伝導率の変化が大きい。

解説

　ポリエチレンフォーム保温材は発泡加工が施され，ほとんど吸湿しません。一方，グラスウール保温材は吸水するため保温材としての機能は落ち，熱伝導率は大きくなります。

解答 (4)

機器設置と試運転

1 送風機の設置

送風機の設置には，天吊りと床置きの2種類があります。

①天吊り

#2未満 $\left(\text{#1と#1}\frac{1}{2}\right)$ は吊りボルト施工が可能ですが，ブレース（筋かい）付きとします。#2以上は，形鋼でかご形に溶接した架台上に設置します。※＃は呼び番号を示します。

②床置き

#4以上の遠心送風機は床置きを原則とします。基礎と送風機にすき間があるときや床面が水平でない場合は，ライナーを入れて調節します。

なお，やむを得ず天吊りとする場合は，溶接枠組みした架台に防振架台を介して取り付けます。天吊り，床置きいずれにおいても，送風機とモータのプーリーの芯出しは，外側面に定規や水糸などを当てて調整します。

また，Ｖベルトの張力は，モータを移動させて，送風機とモータの軸間を調整することにより行います。

2 送風機の調整手順

送風機の調整は，次の①から⑥の順に従って行います。

①送風機は手で回し，羽根と内部に異常な当たりがないかを点検します。

②Ｖベルトは指で押し，ベルトの厚さ程度たわむのを確認します。

③吐出し側の主ダンパーを全閉にして手元スイッチで瞬時運転し，送風機の回転方向とＶベルトの張力が下側にあることを確認します。

④規定の電流値になるまでダンパーを徐々に開いて調整してから，吹出し口風量を調整します。

⑤風量測定口で計測し，または送風機の試験成績表の電流値を参考にし，規定風量に調整します。

⑥送風機の軸受温度は，周囲の空気温度より40℃以上高くないことを確認します。

送風機の試運転

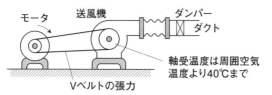

モータ　送風機　ダンパー　ダクト

軸受温度は周囲空気温度より40℃まで

Vベルトの張力

3　ポンプの設置

　基礎と送風機にすき間があるときや，床面が水平でない場合は，ライナーを入れて調節します。また，配管および弁の荷重が，直接ポンプにかからないようにします。

　吸込み管は，空気だまりをなくすため，ポンプに向かって上がり勾配とし，負圧となるおそれがあるポンプの吸込み管には，連成計を取り付けます。

4　ポンプの調整手順

　ポンプの調整は，次の①から④の順に行います。

①据付け後に軸継手部を手で回し，ポンプが軽く回ることを確認します。

②吐出し側バルブは全閉状態から徐々に開いて，水量調整を行います。

　　※吐出し側バルブを全開で運転開始すると，過電流でトリップ（回路を遮断）するおそれがあります。

③ポンプのメカニカルシールの摺動部は，ほとんど水

補足

送風機の基礎
床置き式の基礎は高さ150～300mmとし，幅は架台より100～200mm大きくします。呼び番号10以上の大形送風機の基礎は，鉄筋コンクリート基礎とします。

呼び番号
327ページ参照。

ライナー
機器底面と基礎のすき間に入れる薄板をいいます。ポンプ本体とモータ軸の水平は，水準器で確認します。

Vベルトの張力
指でつまんで90度くらいひねられるか否かでも調べられます。

ポンプ基礎
高さは標準300mmで，基礎の表面の排水溝に排水目皿を設けます。

連成計
負圧から正圧まで連続して計測できる圧力計です。

が漏れないことを確認します。グランドパッキンは、ほんの少し水が漏れる程度です。

※メカニカルシールの場合，コンクリート基礎上面の排水目皿と排水管を設けないことができます。

④ポンプの軸受温度は，周囲の空気温度より40℃以上高くないことを確認します。

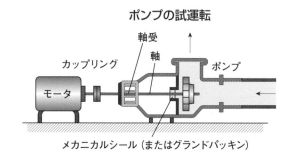

ポンプの試運転

メカニカルシール（またはグランドパッキン）

過去問にチャレンジ！

問1　　　　　　　　　　　　　　　難　**中**　易

送風機の試運転調整に関する記述のうち，適当でないものはどれか。

(1) 送風機を手で回し，羽根と内部に異常な当たりがないかを点検する。

(2) 手元スイッチで瞬時運転し，送風機の回転方向とベルトの張力が上側にあることを確認する。

(3) 風量測定口で計測しまたは送風機の試験成績表の電流値を参考にし，規定風量に調整する。

(4) 軸受は，周囲空気温度より40℃以上高くないことを確認する。

解　説

Vベルトは張力が下側にあることを確認します。

解　答　(2)

第7章

法　規

1 労働安全衛生法

まとめ & 丸暗記　　この節の学習内容とまとめ

☐ 数値基準
原則は次のとおり

項　目	数　値
手すり	85cm以上
昇降設備	1.5mを超える箇所に設置
通路の障害物	1.8m以内に置かない
照度	2m以上の箇所に必要な照度を確保
作業床	2m以上の箇所で設置
投下設備	3m以上から物体を投下
登りさん橋	8m以上の登りさん橋には，7m以内ごとに踊場
架設通路	30度以下の勾配

☐ 資格取得法
免許　　技能講習　　特別の教育

☐ 作業主任者
地山の掘削作業主任者（2m以上）
足場の組立て等作業主任者（一般の足場は5m以上）
酸素欠乏危険作業主任者
土止め支保工作業主任者
石綿作業主任者
有機溶剤作業主任者
ガス溶接作業主任者

高所作業等

1 通路等

通路等の作業では，次の点に注意します。

- 屋内に設ける通路では，通路面から高さ1.8m以内に障害物を置いてはいけません。
- 架設通路の勾配は，30度以下とします。ただし，階段を設けたもの，または高さが2m未満で丈夫な手掛を設けたものは，この限りではありません。
- 架設通路の勾配が15度を超えるものには，踏さんその他の滑止めを設けます。
- 架設通路で墜落の危険のある箇所には，高さ85cm以上の位置に丈夫な手すり，かつ中間部に中さんなどを設けます。

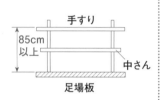

手すり
85cm 以上
中さん
足場板

- 高さまたは深さが1.5mを超える箇所で作業を行うときは，労働者が安全に昇降するための設備などを設けます。
- 高さ8m以上の登りさん橋には，7m以内ごとに踊場を設けます。

2 墜落の危険

高さが2m以上の箇所で作業を行う場合，必要な照度を確保します。墜落などの危険があるときは作業床を設け，端や開口部は囲い，手すり，覆いなどを設け

補足

高所作業等
労働安全衛生法による基準であり，数値などは実地試験でも出題されます。しっかり暗記しておきましょう。

踏さんの設置
30度以下の架設通路のうち，勾配が15度を超えるものに設置します。

踏さん
（15°を超える場合）
30°以下

手すり
作業上やむを得ない場合は，必要な部分を一時的に取りはずすことができます。また，高さは85cm以上ですが，中間部に中さんを入れます。

中さん
35cmから50cmの高さに入れます。

ますが，困難なときには防網を張り，**要求性能墜落制止用器具**（旧・安全帯）などを使用します。

　ただし，強風，大雨，大雪など，悪天候のため危険が予想されるときは，作業は中止します。

3 物体の投下

　3m以上の高所から物体を投下するときは，適当な投下設備を設け，監視人を置くなど，労働者の危険を防止するための措置を講じます。

過去問にチャレンジ！

問1　　　　　　　　　　　　　　　　難｜中｜**易**

　建設工事における墜落などによる危険防止に関する記述のうち，「労働安全衛生法」上に定められている高さとして，誤っているものはどれか。

(1) 高さが2m以上の箇所で作業床を設けることが困難なときは，防網を張り，安全帯を使用させるなどの措置を講じなければならない。

(2) 高さが1.5mを超える箇所で作業を行うときは，当該作業を安全に行うため必要な照度を保持しなければならない。

(3) 高さが1.5mを超える箇所で作業を行うときは，労働者が安全に昇降するための設備などを設けなければならない。

(4) 高さが2m以上の作業床の端，開口部などで墜落により労働者に危険を及ぼすおそれがある箇所には，囲い，手すり，覆いなどを設けなければならない。

解説

必要な照度を確保しなければならないのは，高さが2m以上のときです。

解答　(2)

248

安全対策

1 感電防止

感電を防止するためには，次のような対策を施します。

- 交流アーク溶接機の**自動電撃防止装置**は，その日の使用を開始する前に，作動状態を点検します。
- 電動機械器具で，対地電圧が**150V**を超える移動式，可搬式のものは，当該器具が接続される電路に，**漏電遮断器**を接続し，接地工事も施します。
- 作業中または通行中に接触の可能性のある電源は，絶縁被覆を行い，損傷の有無の点検を**毎月1回**の割合で実施します。

2 酸素欠乏（酸欠）

酸素欠乏危険作業を行う場合，事業者は**酸素欠乏危険作業主任者**を選任します。

地下ピット内での配管作業などは，酸素濃度が薄くなるため，空気中の**酸素濃度を18%以上**に換気する必要があります。また，その日の作業を開始する前に空気中の酸素を測定し，従事させる労働者の入場時および退場時に，人員を点検します。測定記録は**3年間**保存します。

3 資格

クレーンの運転資格など，建設工事に必要な資格

補足

強風
10分間の平均風速が10m/s以上の風です。

投下設備
ダストシュートなど，周囲に物体が散らばらない設備のことです。

自動電撃防止装置
交流アーク溶接（電気溶接）で，アークを発生させないときには，電源が自動的に切れる装置です。

漏電遮断器
電路（電気の流れている部分）の一部が漏電した場合に，瞬時に回路を遮断する装置です。配線用遮断器は過負荷電流を遮断するもので，漏電遮断器とは異なります。

酸素欠乏
酸素濃度が18%未満の状態です。法的には18%以上あればよいことになっていますが，大気中には約21%の酸素があり，極力これに近づける必要があります。換気に純酸素を使用することはできません。

は，次の方法で取得できます。

免許	都道府県労働局長が行う試験に合格して取得
技能講習	都道府県労働局長の登録を受けた者が行う技能講習を修了して取得
特別の教育	事業所が行う教育

※特別の教育を特別教育と略すこともありますが，「特別の教育」と記述しましょう。

4 作業主任者

　労働災害を防止するための管理を必要とする作業について，事業者が選任します。**作業主任者**を選任したときは，その者の氏名およびその者に行わせる事項を，作業場の見やすい箇所に掲示することなどにより，関係労働者に周知します。作業主任者は，**特別の教育だけではなれません。**

①作業主任者の職務
　作業主任者の主な職務は次のとおりです。
- 材料の欠点の有無を点検し，不良品を取り除きます。
- 器具，工具，墜落制止用器具，保護帽を点検し，**不良品を取り除きます。**
- 作業方法，労働者の配置を決め，作業の**進行状況を監視します。**

②作業主任者の種類
　作業主任者の主な種類は次のとおりです。
- ガス溶接作業主任者
- 地山の掘削作業主任者（高さ2m以上）
- 足場の組立て等作業主任者（高さ5m以上。吊り足場，張出し足場は高さに関係なし）
- 酸素欠乏危険作業主任者
- 土止め支保工作業主任者
- 石綿作業主任者
- 有機溶剤作業主任者

5 移動式クレーン

移動式クレーンの運転に必要な資格の取得方法は次のとおりです。

吊り上げ荷重	資格
1トン未満	特別の教育
1トン以上5トン未満	技能講習
5トン以上	免許

作業主任者
ガス溶接作業主任者が免許で，ほかは技能講習修了者です。

ガス溶接
溶解アセチレンの容器は，立てて保管します。

過去問にチャレンジ！

問1　　　　　　　　　難　中　**易**

建設工事における安全管理に関する記述のうち，「労働安全衛生法」上，誤っているものはどれか。

(1) 架設通路で墜落の危険のある箇所には，高さ75cm以上の手すりを設けなければならない。ただし，作業上やむを得ない場合は，必要な部分を臨時に取りはずすことができる。

(2) 作業主任者を選任したときは，その者の氏名およびその者に行わせる事項を作業場の見やすい箇所に掲示するなどにより関係労働者に周知させなければならない。

(3) 3m以上の高所から物体を投下するときは，適当な投下設備を設け，監視人を置くなどの措置を講じなければならない。

(4) 作業場に通じる場所および作業場内には安全な通路を設け，通路で主要なものには，通路であることを示す表示をしなければならない。

解 説

架設通路で墜落の危険のある箇所には，高さ85cm以上の手すりを設けなければなりません。

解 答 (1)

2 建築基準法

まとめ & 丸暗記　この節の学習内容とまとめ

☐ 地階：床が地盤面より下にある階で，床面から地盤面までの高さがその階の天井高の $\frac{1}{3}$ 以上のもの

☐ 建ぺい率 $= \dfrac{建築面積}{敷地面積}$

☐ 容積率 $= \dfrac{建築物の延べ面積}{敷地面積}$

☐ 延焼のおそれのある部分：建築物の1階の部分で，隣地境界線より3m以下の部分，2階以上については5m以下の部分

☐ 屋上部分に設けた機械室などの水平投影面積の合計が建築物の建築面積の $\frac{1}{8}$ 以下である場合は，階数不算入

建築面積の $\frac{1}{8}$ 以下

4階　3階　2階　1階

↓

階数不算入（4階建て）

☐ 防火区画の貫通（左下図）

☐ 有効容量が $5m^3$ を超える飲料用給水タンクのマンホールは，直径60cm以上の円が内接

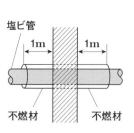

給水管が防火区画を貫通

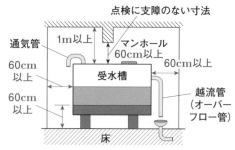

受水槽の各部寸法など

用語など

1 建築法令用語

建築基準法には，用語の説明があります。

- 特殊建築物

学校，体育館，病院，劇場，集会場，百貨店，遊技場，公衆浴場，共同住宅，寄宿舎，工場，倉庫，車庫などをいいます。

- 建築

建物を新築，増築，改築，または移転することです。

- 建築設備

建築物における電気，ガス，給水，排水，換気，暖房，冷房，消火，排煙，昇降機，避雷針などをいいます。

- 居室

居住，執務，作業，集会，娯楽などの目的で継続的に使用する室をいいます。

- 主要構造部

壁，柱，床，梁，屋根，階段をいいます（間仕切り壁，間柱，最下階の床，外部階段は除く）。

- 大規模の修繕

主要構造部の1種以上について，過半の修繕を行うことをいいます。

※機械室内の設備全体の修繕は大規模の修繕ではありません。

- 大規模の模様替え

主要構造部の1種以上について，過半の模様替えを行うことをいいます。

- 防火性能

建築物の周囲において発生する通常の火災による延

特殊建築物
特殊建築物でないものは，個人住宅，事務所などごく一部です。

居室
更衣室，便所などは居室ではありません。会議室は居室です。なお，居室の天井高さは2.1m以上とし，一室で天井高さが異なる部分がある場合，その平均の高さとします。

焼を抑制するために，外壁または軒裏に必要とされる性能をいいます。

● 地階

　床が地盤面より下にある階で，床面から地盤面

までの高さがその階の天井高の $\dfrac{1}{3}$ 以上のものを

いいます。

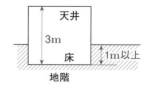

● 避難階

　直接地上へ通ずる出入口のある階です。

● 建ぺい率

$$建ぺい率 = \dfrac{建築面積}{敷地面積}$$

建築面積は，建物の水平投影面積です。

3階 60m²
2階 100m²
1階 100m²

建築面積は100m²
延べ面積は260m²

● 容積率

$$容積率 = \dfrac{建築物の延べ面積}{敷地面積}$$

● 延焼のおそれのある部分

　建築物の1階の部分で，隣地境界線より3m以下の部
分，2階以上については5m以下の部分をいいます。

● 階数

　屋上部分や地階に設けた機械室などの水平投影面積の

合計が建築物の建築面積の $\dfrac{1}{8}$ 以下である場合は，階数

に算入しません。ただし，居室の場合は小さくても算入します。

延焼のおそれの
ある部分

2　建築確認

　建築しようとする場合，建築主は，**建築主事または指定確認検査機関**に
設計図書などを提出し，建築の許可を得なければなりません。これを建築
確認といいます。

　建築設備について，次のものは建築確認申請をする必要があります。

- 高さが8mを超える高置水槽
- 昇降機

  建築確認申請が不要なものは，次のとおりです。

- 工事を施工するために工事現場に設ける事務所などの仮設建築物
- 機械室内の設備機器や，建築物内の配管を更新する工事

補足

建築確認
建築確認の申請を必要
としない建築物および
建築設備であっても，
建築基準法が適用され
ます。

昇降機
エレベータ，エスカ
レータなどです。

2
建築基準法

過去問にチャレンジ！

問1　　　　　　　　　　　　　難　**中**　易

建築の用語に関する記述のうち，「建築基準法」上，誤っているものはどれか。

(1) 建築物の2階以上の部分で，隣地境界線より10m以下の距離にある部分は，延焼のおそれのある部分である。

(2) 延べ面積は，原則として，建築物の各階の床面積の合計である。

(3) 屋上部分に設けた空調機械室で，水平投影面積の合計が建築物の建築面積の $\frac{1}{8}$ 以下である場合は，階数に算入しない。

(4) 床が地盤面下にある階で，床面から地盤面までの高さがその階の天井の高さの $\frac{1}{3}$ 以上のものは，地階である。

解説

建築物の2階以上の部分で，隣地境界線より5m以下の距離にある部分は，延焼のおそれのある部分です。なお，1階部分は3m以下の距離です。

解答 (1)

255

設備の基準

1 給水関係

給水に関する設備の基準は，次のとおりです。

- 防火区画を貫通する部分および当該貫通する部分から，それぞれ両側に1m以内の距離にある部分は不燃材とします。
- 給水立て主管からの各階への分岐管など主要な分岐管には，分岐点に近接した部分に止水弁を設けます。
- 有効容量が5m³を超える飲料用給水タンクに設けるマンホールは，直径60cm以上の円が内接することができる大きさとします。

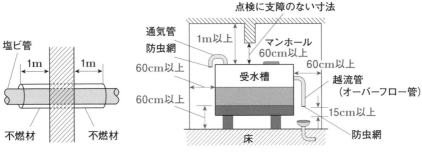

給水管が防火区画を貫通　　　　受水槽の各部寸法など

2 排水関係

排水に関する設備の基準は，次のとおりです。

- 排水のための配管設備で，汚水に接する部分は不浸透質の耐水材料とします。
- 排水トラップの封水深は，阻集器を兼ねるものを除き，5cm以上10cm以下とします。
- 排水再利用配管設備は，洗面器，手洗器と連結してはいけません。

- 雨水排水立て管は，汚水排水管もしくは通気管との兼用や，これらの管の連結はできません。

3 空気環境

　中央管理方式空気調和設備における，室内空気の状態は，次のように規定されています。

1	浮遊粉じんの量	0.15mg/m³以下
2	一酸化炭素の含有量	6ppm以下
3	二酸化炭素の含有量	1,000ppm以下
4	温度	18〜28℃
5	相対湿度	40〜70%
6	気流	0.5m/s以下
7	ホルムアルデヒドの量	0.1mg/m³以下

補足

防火区画
火災時に避難を容易にするため，建物をいくつかに区画するものです。

排水槽の底の勾配
$\frac{1}{15}$ 〜 $\frac{1}{10}$ とします。

室内空気
法令改正により令和4年4月から一酸化炭素6ppm以下，温度18〜28℃となりました。

2 建築基準法

過去問にチャレンジ！

問1　　　　難 **中** 易

　建築物の居室に設ける中央管理方式の空気調和設備の性能に関する記述のうち，「建築基準法」上に定められている数値として，誤っているものはどれか。

(1) 浮遊粉じんの量は，空気1m³につき0.15mg以下とする。

(2) 一酸化炭素の含有率は，$\dfrac{6}{1,000,000}$ 以下とする。

(3) 相対湿度は，30%以上60%以下とする。

(4) 温度は，18度以上28度以下とする。

解説
相対湿度は，40%以上70%以下となっています。

解答 (3)

3 建設業法

まとめ & 丸暗記 　この節の学習内容とまとめ

☐ 建設業許可

営業所の所在	許可する者	許可の種類
1つの都道府県	都道府県知事	一般建設業許可 特定建設業許可
2つ以上の都道府県	国土交通大臣	一般建設業許可 特定建設業許可

☐ 許可の有効期間：5年

☐ 500万円未満の管工事のみ請け負う場合：建設業許可は不要

☐ 元請け
下請金額の合計が4,500万円以上の管工事
・特定建設業許可を受けていること
・現場に監理技術者を配置すること
・施工体制台帳，施工体系図を作成すること

発注者
↓
元請け
↓
下請け 合計 4,500万円 以上

☐ 専任の技術者
公共性のある工事で，請負代金が4,000万円以上の管工事→現場に専任の主任技術者または監理技術者
（例外）密接な関係のある2以上の建設工事を，同一の場所または近接した場所で施工→同一の主任技術者による工事管理可

☐ 元請負人
工程の細目などを定めるときは，あらかじめ下請負人の意見を聞く

建設業許可と契約

1 許可

　建設業を行うには，都道府県知事または国土交通大臣の許可が必要です。営業所が1つの都道府県内かどうかによって，許可を申請する相手が異なります。

- 1つの都道府県に営業所を設置する場合
  - →都道府県知事の許可
- 2つ以上の都道府県に営業所を設置する場合
  - →国土交通大臣の許可

　許可の有効期間は5年で，継続して会社運営を行う場合，更新手続きをします。

　ただし，次にあげる軽微な工事だけを行うときは，許可がなくても建設業が行えます。

- 工事1件の請負代金の額が500万円未満の工事（管工事など28業種）
- 建築一式工事で，工事1件の請負代金の額が1,500万円未満の工事，または延べ面積が150m^{2}未満の木造住宅工事

2 一般建設業と特定建設業

　建設業の許可には，一般建設業と特定建設業があります。次の（a）および（b）に該当する場合，特定建設業の許可がなければ請け負うことができません。

　（a）発注者から直接請け負う。（元請け）

　（b）下請金額の合計が，4,500万円以上（管工事など28業種），7,000万円以上（建築一式工事）

補足

建設業
全部で29業種があります。そのうち7業種は，国が重要な基幹業種と指定したもの（指定建設業）です。管工事は指定建設業です。

有効期間
建設業許可を受けてから1年以内に営業を開始せず，または引き続いて1年以上営業を休止した場合は，当該許可を取り消されます。

特定建設業許可
一般建設業の許可要件よりハードルは高くなりますが，一般建設業の実績は必要ありません。「国，地方公共団体が発注する工事だから，特定建設業許可が必要」ではありません。法令改正により下請金額は令和5年1月から変更されました。

3
建設業法

（a）と（b）の両方に該当しなければ，一般建設業許可でもよいことになります。

　たとえば，A社（管工事業者）は元請けで，A社の下請けはB社，C社，D社です。その合計金額は4,500万円なので，A社は特定建設業許可が必要です。B〜E社は一般建設業許可で請け負うことができます。

※E社は500万円未満なので，建設業許可がなくても請負可。

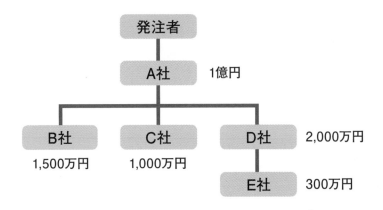

3 契約書

　建設業者は，建設工事の発注者から請求があったときは，請負契約が成立するまでの間に建設工事の見積書を提示しなければなりません。

　たとえば，管工事業の許可のみ受けている者であっても，管工事に附帯する電気工事（これを附帯工事といいます）を請け負うことができます。

　発注者が工事に使用する資材を提供するときは，契約に際し，その内容および方法に関する定めを書面に記載しておきます。

　請負契約の締結後，その注文した建設工事に使用する資材もしくは機械器具，またはこれらの購入先を指定することはできません。

過去問にチャレンジ！

問1 　　　　　　　　　　　　　　　　　難　中　易

　下図に示す施工体系の現場における建設業の許可に関する記述のうち，「建設業法」上，誤っているものはどれか。ただし，A，B，C，D，E社は，管工事を請け負うものとする。

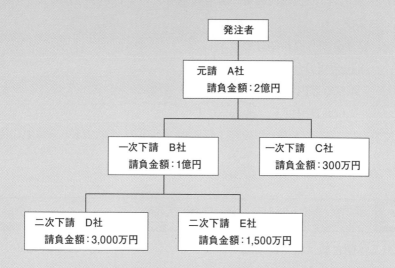

(1) B社は，下請契約の合計額が4,500万円以上であるため，特定建設業の許可を必要とする。

(2) C社は，建設業の許可を受けていなくてもよい。

(3) D社は，発注者が国または地方公共団体の場合であっても，一般建設業の許可があれば請け負うことができる。

(4) E社は，下請工事のみを請け負う場合であっても，許可を必要とする。

解 説

　B社は，二次下請金額の合計が4,500万円ですが，発注者から直接受注していないので，特定建設業の許可を必要としません。

解 答 (1)

技術者

1 主任技術者と監理技術者

工事現場には，主任技術者か監理技術者のいずれかを配置します。次の(a) および (b) に該当する場合は，監理技術者を配置します。

(a) 発注者から直接請け負う。

(b) 下請金額の合計が，

　・4,500万円以上（管工事など28業種）

　・7,000万円以上（建築一式工事）

技術者は，施工計画の作成，工程管理，品質管理等のほか，施工に従事する者の指導監督を行います。

2 施工体制台帳，施工体系図

施工体制台帳，施工体系図を作成するのは，次の (a) および (b) に該当する場合です。

(a) 発注者から直接請け負う。

(b) 下請金額の合計が，

　・4,500万円以上（管工事など28業種）

　・7,000万円以上（建築一式工事）

特定元方事業者は，これらを作成し，施工体制台帳を工事現場ごとに備え置き，施工体系図は工事現場の見やすい場所に掲げます。

3 専任の技術者

公共性のある工事で，請負代金が4,000万円以上の場合（管工事など28業種。建築一式工事の場合は，8,000万円以上），工事現場に配置する技術者（主任技術者または監理技術者）は，専任でなければなりません。

ただし，専任の主任技術者を必要とする密接な関係のある2以上の建設工事を，同一の建設業者が同一の場所または近接した場所で施工する場合は，同一の専任の主任技術者がこれらの建設工事を管理できます。

令和3年10月以降，施工管理技士試験制度の改正により，条件付で監理技術者に兼任を認めることになりました。

補足

専任
他の工事現場とのかけ持ちはできません。専任を要する工事の金額も令和5年1月から変更されました。

3
建設業法

過去問にチャレンジ！

問1 　　　　　　　　　　　　難　中　易

　建設業の許可を受けた管工事業者の置く主任技術者または監理技術者に関する記述のうち，「建設業法」上，誤っているものはどれか。

(1) 発注者から直接請け負った工事を下請契約を行わずに自ら施工する場合は，主任技術者がこの工事を管理する。

(2) 下請負人として工事を施工する場合であっても，請負代金の額にかかわらず，主任技術者を工事現場に配置しなければならない。

(3) 公共性のある施設もしくは工作物または多数の者が使用する施設もしくは工作物に関する重要な工事を施工する場合は，請負代金の額にかかわらず，専任の主任技術者または監理技術者を工事現場に配置しなければならない。

(4) 主任技術者の専任が必要な工事で，密接な関係のある2つの工事を同一の場所において施工する場合は，同一人の専任の主任技術者がこれらの工事を管理することができる。

解説

　請負代金の額により，専任の主任技術者または監理技術者を現場に配置します。その額は，管工事業では4,000万円以上です。

解答 (3)

元請け，下請け

1 意見を聞く

　元請負人は，その請け負った建設工事を施工するために必要な工程の細目，作業方法その他元請負人において定めるべき事項を定めるときは，あらかじめ下請負人の意見を聞かなければなりません。

　※発注者，注文者の意見ではありません。

2 前払金

　元請負人は，前払金の支払いを受けたときは，下請負人に対して，資材の購入，労働者の募集その他建設工事の着手に必要な費用を前払金として支払うよう適切な配慮をします。

3 検査，引渡し

　元請負人は，下請負人から請け負った建設工事が完成した旨の通知を受けたときには，通知を受けた日から20日以内で，かつ，できる限り短い期間内に，その完成を確認するための検査を完了しなければなりません。

　また，検査完了後，下請負人から引渡しの申出を受けたときは，特約がない限り，直ちに引渡しを受けなければなりません。

4 支払い

　元請負人は，出来形部分または工事完成後に発注者から請負代金の支払いを受けたときは，支払いを受けた日から1箇月以内で，かつ，できる限り短い期間内に，下請負人に支払います。現金で支払うよう配慮します。

　工事目的物の引渡しの申出があったときは，たとえ発注者から支払われ

ていなくても，申出の日から50日を経過する以前に下
請代金を支払います。

補足

発注者
元請負人に対する注文
者をいいます。

どちらか早いほうで支払う

過去問にチャレンジ！

問1　　　　　　　　　　　　　　　難　中　易

元請負人の義務に関する記述のうち，「建設業法」上，誤っているもの
はどれか。

(1) 元請負人は，その請け負った建設工事を施工するために必要な工程
の細目，作業方法その他元請負人において定めるべき事項を定めると
きは，あらかじめ，下請負人の意見を聞かなければならない。

(2) 元請負人は，下請負人から請け負った建設工事が完成した旨の通知を
受けたときは，通知を受けた日から20日以内で，かつ，できる限り短い
期間内に，その完成を確認するための検査を完了しなければならない。

(3) 元請負人は，工事完成後に発注者から請負代金の支払いを受けたと
きは，支払いを受けた日から3箇月以内で，かつ，できる限り短い期
間内に，下請負人に下請代金を支払わなければならない。

(4) 施工体制台帳を作成しなければならない元請負人は，当該建設工事
における各下請負人の施工の分担関係を表示した施工体系図を作成
し，これを当該工事現場の見やすい場所に掲げなければならない。

解説

元請負人が，工事完成後に発注者から請負代金の支払いを受けた場合に，下
請負人に下請代金を支払わなければならないのは，支払いを受けた日から1箇
月以内で，かつ，できる限り短い期間内です。3箇月以内ではありません。

解答　(3)

4 消防法ほか

まとめ & 丸暗記　　この節の学習内容とまとめ

☐ 1号消火栓，2号消火栓

	1号消火栓	2号消火栓
水平距離	25m以下	15m以下
口径	40mm	25mm
放水量	130 L/min以上	60 L/min以上
放水圧力	0.17MPa以上 0.7MPa以下	0.25MPa以上 0.7MPa以下
水源の水量	2.6m³×消火栓設置個数 （最大2）	1.2m³×消火栓設置個数 （最大2）

☐ 廃棄物の種類
　・一般廃棄物　　・産業廃棄物
　前者は特別管理一般廃棄物，後者は特別管理産業廃棄物を含む

☐ 産業廃棄物と最終処分場
　・安定型処分場　　・管理型処分場　　・遮断型処分場

☐ 再資源化：分別解体などに伴って生じた建設資材廃棄物を，資材
　　　　　　または原材料として用いることができる状態にする行
　　　　　　為

☐ 特定建設資材：コンクリート，コンクリートおよび鉄からなる建
　　　　　　　　設資材，木材，アスファルト・コンクリートの4
　　　　　　　　種類

☐ 特定建設資材廃棄物：コンクリート，木材などの特定建設資材が
　　　　　　　　　　　廃棄物となったもの

☐ 縮減：焼却，脱水，圧縮その他の方法により，建設資材廃棄物の
　　　　大きさを減ずる行為

消防法

1 1号消火栓，2号消火栓

1号消火栓は，防火対象物の階ごとに，その階の各部分からホース接続口までの水平距離が25m以下となるように設けます。

2号消火栓は，防火対象物の階ごとに，その階の各部分からホース接続口までの水平距離が15m以下となるように設けます。

また，1号消火栓は放水量が多く，操作は2人で行いますが，2号消火栓は1人で操作できます。どちらにするかは，設計者の判断ですが，倉庫，工場または作業場には，1号消火栓を設置することが義務づけられています。

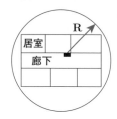

1号消火栓　R≦25m
2号消火栓　R≦15m

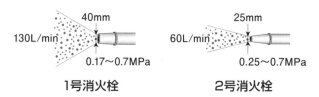

1号消火栓	2号消火栓
40mm	25mm
130L/min	60L/min
0.17〜0.7MPa	0.25〜0.7MPa

2 加圧送水装置

加圧送水装置は，直接操作のみにより，停止できる構造とします。

● ポンプによる加圧送水装置には，締切り運転時における圧力上昇防止のための逃がし管を設けます。

補足

消防法
P130〜P135の「消火」と合わせて覚えてください。

1号消火栓，2号消火栓
消防法施行令の条文の1号，2号にそれぞれ記述があるので，このように呼ばれています。

口径
1号消火栓の口径は40mm以上だが，立上がり管は50mm以上とします。

加圧送水装置
消火栓ポンプによるものが一般的です。原動機は電動機に限ります。

直接操作
遠隔操作でないものをいいます。消火栓ポンプのある場所で，直接操作するので，停止が確認できます。なお，ポンプの始動は，遠隔操作できます。

- 定格負荷運転時のポンプの性能を試験するための配管設備を設けます。
- ポンプの吐出量は，屋内消火栓の設置個数がもっとも多い階における設置個数（設置個数が2を超える場合は2とする）に150L／分を乗じて得た量以上とします。
- 屋内消火栓のノズルの先端における**放水圧力**が0.7MPaを超えないための措置を講じます。
- ポンプの吸込み側に**連成計**，吐出し側に圧力計を設けます。
- 水源水位がポンプより低い場合は，専用の呼水槽を設けます。

過去問にチャレンジ！

問1 　　　　　　　　　　　　　　　　　難　**中**　易

　1号消火栓を用いた屋内消火栓設備の設置に関する記述のうち，「消防法」上，誤っているものはどれか。

(1) 倉庫，工場または作業場に設置する消火栓は，1号消火栓でなければならない。
(2) 加圧送水装置は，屋内消火栓箱の直近に設けられた操作部からの遠隔操作により，停止できるものでなければならない。
(3) 消火栓は，防火対象物の階ごとに，その階の各部分からホース接続口までの水平距離が25m以下となるように設けなければならない。
(4) 水源の水量は，屋内消火栓の設置個数がもっとも多い階における当該設置個数（当該設置個数が2を超えるときは，2とする）に2.6m³を乗じて得た量以上でなければならない。

解　説

　加圧送水装置の始動は遠隔操作でよいが，停止は遠隔操作でなく手元でします。

解　答　(2)

廃棄物処理法

1 廃棄物の種類

廃棄物は次のように分類されます。

● 一般廃棄物　● 産業廃棄物

さらに，一般廃棄物には**特別管理一般廃棄物**，産業廃棄物には**特別管理産業廃棄物**があります。特に有害であり，特別な管理を必要とする廃棄物です。

産業活動によって発生する廃棄物は，産業廃棄物です。したがって，建設現場で発生するものは，原則として産業廃棄物になります。

たとえば，建築物の新築や改築で生じる包装材，段ボールなどの紙くず類は，産業廃棄物です。ただし，建設現場事務所で発生する生ごみ，ミスコピーの紙くずなどは，一般廃棄物です。

事業者自ら廃棄物処理施設へ運搬する場合や，再生利用の目的で収集運搬を行う者は許可不要です。

2 産業廃棄物と最終処分場

産業廃棄物は，その種類によって処分される処分場が異なります。

安定型処分場	金属くず，ガラスくず，ゴムくず，陶磁器くず，廃プラスチック類
管理型処分場	紙くず，焼却灰
遮断型処分場	有害物質を含むばいじん，有害な産業廃棄物

補足

廃棄物処理法
正式名称は，「廃棄物の処理及び清掃に関する法律」です。

廃棄物処理
P186～P187の「廃棄物処理」も参照してください。
処理＝①収集・運搬＋②処分で，①と②は別の許可です。たとえば，①の許可だけで②を行うことはできません。

特別管理
PCB（ポリ塩化ビフェニール），石綿などが対象になります。

4
消防法ほか

3 委託事務

　事業者は，産業廃棄物の処理を委託する場合，委託契約書等を契約の終了の日から**5年間**保存します。**特別管理産業廃棄物**を委託する場合は，あらかじめ，その種類，数量，性状等を，委託しようとする者に**文書で通知**します。産業廃棄物管理票を交付した事業者は，報告書を作成し，都道府県知事に提出しますが，**情報処理センター**に登録した場合は都道府県知事への報告は不要です。

過去問にチャレンジ！

問1　　　　　　　　　　　　　　　難　中　易

　廃棄物の処理に関する記述のうち，「**廃棄物の処理及び清掃に関する法律**」上，誤っているものはどれか。

(1) 工作物の除去に伴って発生した金属くず，コンクリートの破片を事業者が自ら処理施設へ運搬する場合には，産業廃棄物運搬の業の許可を必要としない。
(2) 建築物における石綿建材除去事業で生じた飛散するおそれのある石綿保温材は，特別管理産業廃棄物として処理しなければならない。
(3) 産業廃棄物の運搬を委託する場合は，産業廃棄物の種類および数量，運搬の最終目的地の所在地などが記載された書面により委託契約をしなければならない。
(4) 再生利用する産業廃棄物のみの運搬を業として行う者に当該産業廃棄物のみの運搬を委託する場合も，産業廃棄物管理票を交付しなければならない。

解　説

　再生利用する産業廃棄物のみの運搬を業として行う者には，産業廃棄物管理票を交付しません。

解　答　(4)

建設リサイクル法

1 用語

建設リサイクル法には，次のような用語があります。

①再資源化

分別解体などに伴って生じた建設資材廃棄物を，資材または原材料として用いることができる状態にする行為をいいます。

②特定建設資材

コンクリート，コンクリートおよび鉄からなる建設資材，アスファルト・コンクリート，木材，の4種類です。

※廃プラスチック類は特定建設資材ではありません。

③特定建設資材廃棄物

コンクリート，木材などの特定建設資材が廃棄物となったものです。

④縮減

焼却，脱水，圧縮その他の方法により，建設資材廃棄物の大きさを減ずる行為をいいます。

⑤分別解体など

建築物に用いられた建設資材に係る建設資材廃棄物をその種類ごとに分別しつつ，工事を計画的に施工する行為をいいます。

補足

建設リサイクル法
正式名称は，「建設工事に係る資材の再資源化等に関する法律」です。

再資源化
元請業者は，再資源化が完了したときは，それに要した費用等について，発注者に書面で報告します。

木材
木材については，工事現場から50km以内に再資源化をするための施設がない場合，再資源化に代えて縮減すればよいとされています。

分別解体
解体業を営もうとする場合，建築工事業，土木工事業，解体工事業の3つ以外の建設業者は，都道府県知事へ登録する必要があります。

4 消防法ほか

2 分別解体など

建設工事を発注者から直接請け負おうとする者は，分別解体などの計画などについて，書面を交付して**発注者に説明**する必要があります。

解体工事の発注者又は自主施工者は，分別解体などの計画，建築物などに用いられた建設資材の量の見込みなどを**都道府県知事に届け出**ます。

特定建設資材廃棄物の**再資源化**が完了したときは，当該再資源化などの実施状況に関する記録を作成し，これを保存します。

過去問にチャレンジ！

問1　　　　　　　　　　　　　　　　　難　**中**　易

建設資材廃棄物および解体工事業に関する記述のうち，「建設工事に係る資材の再資源化等に関する法律」上，**誤っている**ものはどれか。

(1) 特定建設資材廃棄物とは，コンクリート，木材などの特定建設資材が廃棄物となったものをいう。

(2) 縮減とは，焼却，脱水，圧縮その他の方法により，建設資材廃棄物の大きさを減ずる行為をいう。

(3) 建設業法上の管工事業のみの許可を受けた者が解体工事業を営もうとする場合は，当該業を行おうとする区域を管轄する都道府県知事の登録を受けなければならない。

(4) 解体工事を発注者から直接請け負った者は，分別解体などの計画，建築物などに用いられた建設資材の量の見込みなどを都道府県知事に届け出なければならない。

解説

分別解体などの計画，建築物などに用いられた建設資材の量の見込みなどを都道府県知事に届け出るのは，解体工事を発注者から直接請け負った者ではなく発注者です。

解答　(4)

労働基準法

1 使用者の義務

労働基準法によって，使用者には次のような義務が課せられます。

- 労働者が女性であることを理由として，賃金について，男性と差別的取扱いをしてはいけません。
- 満18歳に満たない者を使用する場合，その年齢を証明する戸籍証明書を事業場に備え付けます。
- 満18歳に満たない者に，クレーンの運転や，危険な作業，重量物を扱う作業に就かせてはいけません。
- 常時10人以上の労働者を使用する場合，就業規則を作成して行政官庁に届け出ます。
- 労働者名簿，賃金台帳および雇入れ，解雇，災害補償，賃金その他労働関係に関する重要な書類は原則5年間保存します。

2 労働契約

使用者は労働者に対して次の義務を負います。

- 賃金，労働時間その他の労働条件を明示します。
- 労働契約の不履行について違約金を定め，又は損害賠償額を予定する契約はできません。
- 解雇する場合，少なくとも30日前に予告します。
- 賃金は毎月1回以上，支払日を決めて支払います。
- 法の基準に達しない労働契約は，その部分については無効です。

補足

解体工事
工事に着手する7日前までに届け出ます。

使用者
事業主等のために行為をするすべての者をいいます。

満18歳未満
最大積載量2t以上の人荷共用エレベーターの運転はできません。

行政官庁
ここでは，所轄労働基準監督所長です。

労働時間
原則として，1日8時間，1週間に40時間とします。

支払日
たとえば「毎月第3金曜日」という場合は，支払日を決めたことにはなりません。

4
消防法ほか

3 休日，休暇

使用者は労働者に，毎週少なくとも1日または4週間を通じ4日以上の休日を与えなければなりません。また，その雇入れの日から起算して，6箇月間継続勤務し全労働日の8割以上出勤した労働者に対して，継続し，または分割した10労働日の有給休暇を与えなければなりません。

4 休憩時間

労働時間が6時間を超える場合，労働時間の途中に45分間の休憩時間を与えます。労働時間が8時間を超える場合は，労働時間の途中に1時間の休憩時間を与えます。ちょうど8時間であれば45分でも問題ありません。

過去問にチャレンジ！

問1　　　　　　　　　　　　　　　難　**中**　易

次の記述のうち，「労働基準法」上，誤っているものはどれか。

(1) 使用者は，満18歳に満たない者を使用する場合，その年齢を証明する戸籍証明書を事業場に備え付けなければならない。

(2) 使用者と労働者が対などの立場で決定した労働条件であっても，法に定める基準に達しないものは，すべて無効である。

(3) 使用者は，賃金台帳その他労働関係に関する重要な書類を3年間保存しなければならない。

(4) 常時5人以上の労働者を使用する使用者は，就業規則を作成して行政官庁に届け出なければならない。

解 説

常時10人以上の労働者を使用する使用者は，就業規則を作成して行政官庁に届け出る必要があります。5人ではありません。

解 答 (4)

第一次検定

練習問題

練習問題（第一次検定）

第1章 一般基礎

▶ 環境

問1 日射に関する記述のうち，適当でないものはどれか。

(1) 大気の透過率は，主に大気中に含まれる二酸化炭素の量に影響される。

(2) 日射のエネルギーは，紫外線部よりも赤外線部及び可視線部に多く含まれている。

(3) 天空日射とは，大気成分により散乱，反射して天空の全方向から届く太陽放射をいう。

(4) 日射の影響を温度に換算し，外気温度に加えて等価な温度にしたものを相当外気温度という。

解説

　大気の透過率は，二酸化炭素の量に影響されるのではなく，大気中に含まれるゴミ，ちり，ほこり，水蒸気などによって影響されます。

▶解答 (1)

問2 温熱環境に関する記述のうち，適当でないものはどれか。

(1) 人体の代謝量はメット（met）で表され，1met は椅座安静状態の代謝量で単位体表面積（㎡）当たり概ね100 W である。

(2) 人体は周囲空間との間で対流と放射による熱交換を行っており，これと同じ量の熱を交換する均一温度の閉鎖空間の温度を作用温度（OT）という。

(3) 新有効温度（ET*）は，湿度50%を基準とし，気温，湿度，気流，放射温度，代謝量（met）及び着衣量（clo）の6つの要素を総合的に評価した温熱環境指標である。

(4) 予想平均申告（PMV）は，大多数の人が感ずる温冷感を＋3から－3までの数値で示すものである。

解説

　人体の代謝量はメット（met）で表され，1met は単位体表面積（㎡）当たり概ね58W です。　　　　　　　　　　　　　　　　　　　　　▶解答（1）

▶ 流体

問1　流体に関する記述のうち，適当でないものはどれか。

(1) キャビテーションとは，流体の静圧が局部的に飽和蒸気圧より低下し，気泡が発生する現象をいう。

(2) カルマン渦とは，一様な流れの中に置いた円柱等の下流側に交互に発生する渦のことをいう。

(3) 流体の粘性による摩擦応力の影響は，一般的に，物体の表面近くで顕著に現れる。

(4) 粘性流体の運動に影響を及ぼす動粘性係数は，粘性係数を流体の速度で除した値である。

解説

　粘性流体の運動に影響を及ぼす動粘性係数は，粘性係数を流体の密度で除した値です。　　　　　　　　　　　　　　　　　　　　　　　　　▶解答（4）

問2　流体が直管路を流れている場合，流速が $\dfrac{1}{2}$ 倍となったときの摩擦による圧力損失の変化の割合として，適当なものはどれか。

　　　ただし，圧力損失は，ダルシー・ワイスバッハの式によるものとし，管摩擦係数は一定とする。

(1) $\dfrac{1}{4}$　倍

(2) $\dfrac{1}{2}$ 倍

(3) 2 倍

(4) 4 倍

解説

ダルシー・ワイスバッハの式は，圧力損失 $\Delta P = \dfrac{\lambda \ell \rho v^2}{2d}$ で表されます。この式より，$\Delta P \propto v^2$ です。流速が $\dfrac{1}{2}$ なので，ΔP は $\dfrac{1}{4}$ になります。

▶解答（1）

▶ 熱

問1 熱に関する記述のうち，適当でないものはどれか。

(1) 気体の定容比熱と定圧比熱を比べると，常に定容比熱の方が大きい。

(2) 熱放射とは，物体が電磁波の形で熱エネルギーを放出・吸収する現象をいう。

(3) 膨張係数とは，物質の温度が1℃上昇したときに物質が膨張する割合である。

(4) 圧縮式冷凍サイクルでは，凝縮温度が一定の場合，蒸発温度を低くすれば，成績係数は小さくなる。

解説

気体の定容比熱と定圧比熱を比べると，常に定圧比熱の方が大きくなります。

▶解答（1）

問2 伝熱に関する記述のうち，適当でないものはどれか。

(1) 等質な固体壁内部における熱伝導による熱移動量は，その固体壁内の温度勾配に比例する。

(2) 自然対流は，流体の密度の差により生じる浮力により，上昇流や下降流が

起こることで生じる。

(3) 物体から放出される放射熱量は，その物体の絶対温度の4乗に比例する。

(4) 固体壁表面の熱伝達率の大きさは，固体壁表面に当たる気流の影響を受けない。

解説

　熱伝達率は，空気と壁表面との熱の伝わりやすさを表し，壁に当たる気流の流速などの影響を受けます。　　　　　　　　　　　　　　　　▶解答（4）

▶ 音・腐食

問1　音に関する記述のうち，適当でないものはどれか。

(1) 点音源から放射された音が球面状に一様に広がる場合，音源からの距離が2倍になると音圧レベルは約6 dB低下する。

(2) NC曲線で示される音圧レベルの許容値は，周波数が低いほど大きい。

(3) マスキング効果は，マスクする音の周波数がマスクされる音の周波数に近いほど大きい。

(4) 音速は，一定の圧力のもとでは，空気の温度が高いほど遅くなる。

解説

　音速は，一定の圧力のもとでは，空気の温度が高いほど速くなります。
　　　　　　　　　　　　　　　　　　　　　　　　　　　　▶解答（4）

問2　金属材料の腐食に関する記述のうち，適当でないものはどれか。

(1) 異種金属の接触腐食は，貴な金属と卑な金属を水中で組み合わせた場合，それぞれの電極電位差によって卑な金属が腐食する現象である。

(2) 水中における炭素鋼の腐食は，pH4以下では，ほとんど起こらない。

(3) 溶存酸素の供給が多い開放系配管における配管用炭素鋼鋼管の腐食速度

は，水温の上昇とともに80℃位までは増加する。

(4) 配管用炭素鋼鋼管の腐食速度は，管内流速が速くなると増加するが，ある流速域では表面の不動態化が促進され腐食速度が減少する。

解説

水中における炭素鋼の腐食は，pH4以下で起こります。

▶解答（2）

▶ 電気

問1 三相誘導電動機の電気設備工事に関する記述のうち，適当でないものはどれか。

(1) 制御盤から電動機までの配線は，CVケーブル又はEM-CEケーブルで接続する。

(2) 制御盤からスターデルタ始動方式の電動機までの配線は，4本の電線で接続する。

(3) 電動機の保護回路には，過負荷及び欠相を保護できる継電器を使用する。

(4) インバータ装置は，商用周波数から任意の周波数に変換して，電動機を可変速運転する。

解説

制御盤からスターデルタ始動方式の電動機までの配線は，スター結線とデルタ結線でそれぞれ3本計6本の電線で接続します。 ▶解答（2）

問2 低圧屋内配線工事に関する記述のうち，適当でないものはどれか。

(1) 同一電線管に多数の電線を収納すると許容電流は増加する。

(2) 同一ボックス内に低圧の電線と弱電流電線を収納する場合は，直接接触しないように隔壁を設ける。

（3）電動機端子箱への電源接続部には，金属製可とう電線管を使用する。

（4）回路の遮断によって公共の安全に支障が生じる回路には，漏電遮断器に代えて漏電警報器を設けることができる。

解説

　同一電線管に多数の電線を収納すると，管内は放熱性が悪いため，許容電流は減少します。　　　　　　　　　　　　　　　　　　　　　　▶解答（1）

▶ 建築

問1 コンクリートの調合，試験に関する記述のうち，適当でないものはどれか。

（1）スランプ試験は，コンクリートの流動性と材料分離に対する抵抗性の程度を測定する試験である。

（2）スランプが大きいと，コンクリートの打設効率が低下し，充填不足を生じることがある。

（3）単位セメント量を少なくすると，水和熱及び乾燥収縮によるひび割れを防止することができる。

（4）単位水量が多く，スランプの大きいコンクリートほど，コンクリート強度は低くなる。

解説

　スランプが大きいというのは，軟らかい生コンであり，型枠の隅々まで流れ込みます。これを，「ワーカビリティが良い」と表現します。ただし，軟らかすぎると強度も弱くなるので注意を要します。　　　　　　　　　　　▶解答（2）

問2 鉄筋コンクリート構造の建築物の鉄筋に関する記述のうち，適当でないものはどれか。

（1）柱，梁の鉄筋のかぶり厚さとは，コンクリート表面から最も外部側に位置

する帯筋，あばら筋等の表面までの最短距離をいう。

(2) 耐力壁の鉄筋のかぶり厚さは，柱，梁のかぶり厚さと同じ厚さとする。

(3) 基礎の鉄筋のかぶり厚さは，捨てコンクリート部分を含めた厚さとする。

(4) 鉄筋の定着長さは，鉄筋径により異なる。

解説

　捨てコンクリートとは，名の通り，捨ててもよいコンクリートです。墨を引くために水平にならしたコンクリートで，耐力を期待されていません。したがって，基礎の鉄筋のかぶり厚さに含めることはできません。

▶解答（3）

第2章　空気調和設備

▶ 空調計画

問1 空調システムの省エネルギーに効果がある建築的手法の記述のうち，適当でないものはどれか。

(1) 窓は，ひさし，高遮熱ガラス，ブラインド等による日射遮へい性能の高いものを採用し，日射熱取得を減らす。

(2) 建物の平面形状は，東西面を長辺とした場合，長辺の短辺に対する比率を大きくする。

(3) 屋上緑化は，植物や土壌による熱の遮断だけでなく，屋外空間の温度上昇を緩和する効果がある。

(4) 外壁の塗装には，赤外線を反射し，建物の温度上昇を抑制する効果のある塗料を採用する。

　省エネルギーに効果を図るためには，東西面を長辺とした場合，長辺の短辺に対する比率を小さくします。つまり，正方形に近づけます。

▶解答（2）

問2 空気調和方式に関する記述のうち，適当でないものはどれか。

(1) 変風量単一ダクト方式は，定風量単一ダクト方式に比べ，送風機動力を節減できる。

(2) 変風量単一ダクト方式では，必要外気量の確保等のため，最小風量の設定を行う。

(3) ダクト併用ファンコイルユニット方式は，全空気方式に比べ，外気冷房を行いやすい。

(4) ダクト併用ファンコイルユニット方式は，全空気方式に比べ，一般的に，搬送動力が小さい。

　ダクト併用ファンコイルユニット方式は，空調領域のペリメータゾーンをファンコイル，インテリアゾーンをダクトで分担するため，全空気方式に比べ，ダクトが細くなります。外気冷房は外気をそのまま取り入れて冷房するのでダクトの細い併用方式は不利になります。

▶解答（3）

▶ 空調負荷

問1 冷房負荷計算に関する記述のうち，適当でないものはどれか。

(1) 窓ガラスからの負荷は，室内外の温度差による通過熱と，透過する太陽日射熱とに区分して計算する。

(2) 人体からの発生熱量は，室温が下がるほど顕熱が小さくなり，潜熱が大きくなる。

(3) 土間床，地中壁からの通過熱負荷は，一般的に，年間を通じて熱損失側であるため無視する。

(4) 北側のガラス窓からの熱負荷は，日射の影響も考慮する。

> **解説**
>
> 　人体からの発生熱量は，室温が下がるほど顕熱が大きくなり，潜熱が小さくなります。なお，顕熱と潜熱の合計は，室温にかかわらずほぼ一定です。
>
> ▶解答（2）

▶ 換気

問1 換気に関する記述のうち，適当でないものはどれか。

(1) 自然換気設備の排気口は，給気口より高い位置に設け，常時解放された構造とし，かつ排気筒の立ち上がり部分に直結する必要がある。

(2) 開放式燃焼器具の排気フードにⅡ型フードを用いる場合，火源からフード下端までの高さは1m以内としなければならない。

(3) 床面積 $\dfrac{1}{30}$ 以上の面積の窓その他，換気に有効な開口部を有する事務所の居室には，換気設備は不要である。

(4) 住宅等の居室のシックハウス対策としての必要有効換気量を算定する場合の換気回数は，一般的に，0.5〔回／h〕以上とする。

> **解説**
>
> 　床面積 $\dfrac{1}{20}$ 以上の面積の窓その他，換気に有効な開口部を有する事務所の居室には，換気設備は不要です。ただし，集会所等の用途に供する特殊建築物の居室においては，床面積の規定にかかわらず換気設備を設けなければなりません。
>
> ▶解答（3）

問2 図に示す換気上有効な開口を有しない2室に機械換気を行う場合，最小有効換気量 V〔m³／h〕として，「建築基準法」上，正しいものはどれか。

ただし，居室（1）・（2）の最小有効換気量は，居室の床面積と実況に応じた1人当たりの占有面積から決まるものとし，居室（1）・（2）は特殊建築物における居室でないものとする。

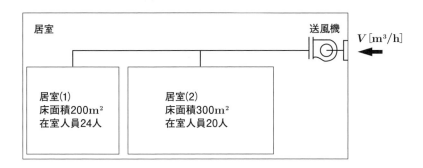

(1)　880m³/h

(2)　1,080m³/h

(3)　1,320m³/h

(4)　1,620m³/h

居室（1）：200÷24＝8.33＜10　→　24人をそのまま採用します。

居室（2）：300÷20＝15＞10　→　定員30人とします。

合計54人1人あたりに必要な換気量20m³×54人＝1,080　　　▶解答（2）

▶ 排煙

問1 排煙設備に関する記述のうち，適当でないものはどれか。

ただし，本設備は「建築基準法」による，区画・階及び全館避難安全検証法並びに特殊な構造によらないものとする。

(1) 電源を必要とする排煙設備の予備電源は，30分間継続して排煙設備を作動させることができる容量以上のものとし，かつ，常用の電源が断たれた

場合に自動的に切り替えられるものとする。

(2) 排煙立てダクト（メインダクト）には，原則として，防火ダンパーを設けない。

(3) 排煙機の耐熱性能には，吸込温度が280℃に達する間に運転に異常がなく，かつ，吸込温度280℃の状態において30分間以上異常なく運転できること等が求められる。

(4) 2以上の防煙区画を対象とする場合の排煙風量は，120m³/min以上で，かつ最大防煙区画の床面積1m²につき1m³/min以上とする。

> **解説**
>
> 2以上の防煙区画を対象とする場合の排煙風量は，120m³/min以上で，かつ最大防煙区画の床面積1m²につき2m³/min以上とします。　　▶解答 (4)

問2 下図に示す2階建て建築物の機械排煙設備において，各部が受け持つ必要最小風量として，適当でないものはどれか。

ただし，本設備は，「建築基準法」上，区画，階及び全館避難安全検証法によらないものとする。

また，上下階の排煙口は同時開放しないものとし，隣接する2防煙区画は同時開放の可能性があるものとする。

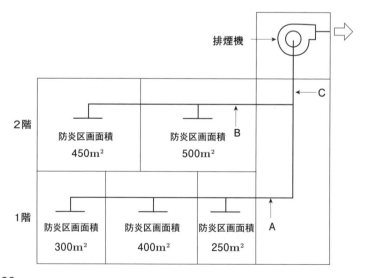

(1) ダクトA部：42,000m³/h

(2) ダクトB部：57,000m³/h

(3) ダクトC部：57,000m³/h

(4) 排煙機　　：57,000m³/h

解説

排煙機：500×2＝1,000m³/分　→　60,000m³/h

▶解答（4）

第3章 **給排水・衛生設備**

▶ **上水道**

問1 河川水を水源とする急速ろ過方式の上水道施設のフロー中，◻︎◻︎内に当てはまる名称の組合せとして，適当なものはどれか。

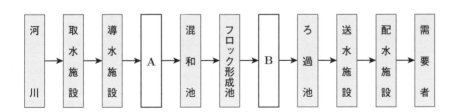

```
(A)              (B)
(1) 沈砂池 ──── 沈殿池
(2) 沈殿池 ──── 沈砂池
(3) 着水井 ──── 沈殿池
(4) 沈殿池 ──── 着水井
```

▶ 下水道

問1 下水道に関する記述のうち，適当でないものはどれか。

(1) 伏越し管渠内の流速は，上流管渠内の流速より遅くする。
(2) 管渠の管径が変化する場合の接合方法は，原則として水面接合又は管頂接合とする。
(3) 雨水管渠及び合流管渠の最小管径は，250mmを標準とする。
(4) 取付管は，本管の中心線から上方に取り付ける。

▶ 給水設備

問1 給水設備に関する記述のうち，適当でないものはどれか。

(1) 高層建築物では，高層部，低層部等の給水系統のゾーニング等により，給水圧力が400〜500kPaを超えないようにする。
(2) 揚水ポンプの吐出側の逆止め弁は，揚程が30mを超える場合，ウォーターハンマーの発生を防止するため衝撃吸収式とする。
(3) クロスコネクションの防止対策には，飲料用とその他の配管との区分表示のほか，減圧式逆流防止装置の使用等がある。
(4) 大気圧式のバキュームブレーカーは，常時水圧のかかる配管部分に設ける。

▶ 給湯設備

問1 給湯設備に関する記述のうち，適当でないものはどれか。

(1) 中央式給湯設備における貯湯タンク内の湯温は，レジオネラ属菌の繁殖防止のため，60℃以上とする。

(2) 中央式給湯設備の循環経路に気水分離器を取り付ける場合は，配管経路の高い位置に設置する。

(3) 給湯管に銅管を用いる場合，かい食を防止するため，管内流速が1.5m/s以下となるように管径を選定する。

(4) 真空式温水発生機及び無圧式温水発生機は，「労働安全衛生法」によるボイラーに該当することから，取扱いにボイラー技士を必要とする。

▶ 排水・通気設備

問1 排水設備に関する記述のうち，適当でないものはどれか。

(1) 管径100mm の排水管の掃除口の設置間隔は，30m以内とする。

(2) 排水管の管径決定において，ポンプからの排水管を排水横主管に接続する場合は，器具排水負荷単位に換算して管径を決定する。

(3) 排水立て管に対して45°以下のオフセットの管径は，垂直な排水立て管と

みなして決定してよい。

(4) オイル阻集器は，洗車の時に流出する土砂及びワックス類も阻集できる構造とする。

解説

　管径100mm以下の排水管の掃除口の設置間隔は，15m以内とし，100mmを超える場合は，30m以内とします。　　　　　　　　　　　▶解答（1）

問2　排水・通気設備に関する記述のうち，適当でないものはどれか。

(1) 器具排水負荷単位法による通気管の管径算定において，所定の表を使用する場合，通気管長さは通気管の実長とし，局部損失相当長を加算しなくてよい。

(2) 通気弁は，大気に開放された伸頂通気管と同様に正圧緩和の効果が期待できる。

(3) 建物の階層が多い場合の最下階の排水横枝管は，排水立て管に接続せず，単独で排水桝に接続する。

(4) 特殊継手排水システムには，排水横枝管の流れを排水立て管内に円滑に流入させ，排水立て管内の流速を減ずる効果がある。

解説

　通気弁は，負圧時に大気を取り込む機能はあるが，正圧時には弁が閉じるので，管内空気を大気中に放出する機能はありません。
　　　　　　　　　　　　　　　　　　　　　　　　　　　▶解答（2）

▶ 消火

問1 消火設備の消火原理に関する記述のうち，適当でないものはどれか。

(1) 水噴霧消火設備は，霧状の水の放射による冷却効果及び発生する水蒸気による窒息効果により消火するものである。

(2) 粉末消火設備は，粉末状の消火剤を放射し，消火剤の熱分解で発生した二酸化炭素や水蒸気による窒息効果，冷却効果等により消火するものである。

(3) 不活性ガス消火設備は，不活性ガスを放射し，ガス成分の化学反応による負触媒効果により消火するものである。

(4) 泡消火設備は，泡状の消火剤を放射し，燃焼物を泡の層で覆い，窒息効果と冷却効果により消火するものである。

解説

　不活性ガス消火設備は，酸素の容積比を減少させる，窒息消火です。負触媒効果（燃焼を抑制する効果）により消火するのは，ハロゲン化物消火設備です。　　　　　　　　　　　　　　　　　　　　　　　　　　　▶解答 (3)

▶ガス

問1 ガス設備に関する記述のうち，適当でないものはどれか。

(1) 液化石油ガス（LPG）は，圧力調整器によりガス容器（ボンベ）の中の高い圧力を1.0kPaに減圧して燃焼機器に供給される。

(2) 都市ガスのガス漏れ警報器を天井部分に設置する場合，警報器の下端は天井面の下方30cm以内に設置する。

(3) 都市ガスの種類A・B・Cでは，燃焼速度はA・B・Cの順で速くなる。

(4) 液化石油ガス（LPG）設備で用いられる配管は，0.8MPa以上で行う耐圧試験に合格したものとする。

▶浄化槽

問1　ある合併処理浄化槽において，流入水が下表のとおりで，BOD除去率が
90％の場合，放流水のBOD濃度の計算値として，適当なものはどれか。

排水の種類	流入水量（m³/日）	BOD濃度（mg/L）
汚水	50	200
雑排水	200	100

(1)　10mg/L

(2)　12mg/L

(3)　14mg/L

(4)　16mg/L

解説

　放流水のBOD濃度を求めます。BOD除去率が90％なので，放流水の濃度
は汚水20mg/L，雑排水10mg/Lです。したがって，両方を合併処理したと
きの濃度は，$(50 \times 20 + 200 \times 10) \div (50 + 200) = 12$

▶解答（2）

問2　JISに規定する「建築物の用途別による屎尿浄化槽の処理対象人員算定
基準」に定められている「建築用途」と「算定単位」の組合せのうち，適
当でないものはどれか。

	（建築用途）	（算定単位）
(1)	ホテル・旅館 ————————————	延べ面積〔m²〕
(2)	病院・療養所・伝染病院 ————	ベッド数〔床〕
(3)	共同住宅 ————————————————	居室数〔室〕
(4)	事務所 ——————————————————	延べ面積〔m²〕

解説

　共同住宅は，延べ面積で算定します。　　　　　　　　　　　　　　▶解答（3）

第4章 **設備機器など**

▶ 機器

問1 冷却塔に関する記述のうち適当でないものはどれか。

(1) 密閉式冷却塔は，熱交換器などの空気抵抗が大きく，開放式冷却塔に比べて送風機動力が大きくなる。

(2) 開放式冷却塔で使用される送風機には，風量が大きく静圧が小さい軸流送風機が使用される。

(3) 冷却塔の微小水滴が，気流によって塔外へ飛散することをキャリーオーバーという。

(4) 冷却塔の冷却水入口温度と出口温度の差をアプローチという。

解説

　冷却塔の冷却水入口温度と出口温度の差をレンジといい，アプローチは，冷却塔出口水温と入口空気湿球温度の差をいいます。　　　　　　▶解答（4）

問2 遠心ポンプに関する記述のうち，適当でないものはどれか。

(1) キャビテーションは，ポンプの羽根車入口部等で局部的に生じる場合があ

293

り，騒音や振動の原因となる。

(2) 同一配管系で，同じ特性の2台のポンプを直列運転して得られる揚程は，ポンプを単独運転した場合の揚程の2倍より小さくなる。

(3) 同一配管系で，同じ特性の2台のポンプを並列運転して得られる吐出量は，ポンプを単独運転した場合の吐出量の2倍になる。

(4) ポンプの軸動力は回転速度の3乗に比例し，揚程は回転速度の2乗に比例する。

解説

ポンプを2台運転した場合，吐出量も揚程と同じで，ポンプを単独運転した場合の吐出量の2倍より小さくなります。　　　　　　　▶解答（3）

▶ 機材

問1 配管材料に関する記述のうち，適当でないものはどれか。

(1) 圧力配管用炭素鋼鋼管は，350℃程度以下の蒸気や高温水などの圧力の高い配管に使用される。

(2) 圧力配管用炭素鋼鋼管は，スケジュール番号が小さいほど管の厚さが厚い。

(3) 配管用炭素鋼鋼管の使用に適した流体の温度は，－15〜350℃程度である。

(4) 硬質ポリ塩化ビニル管（VP）の設計圧力の上限は，1.0MPaである。

解説

圧力配管用炭素鋼鋼管は，スケジュール番号が大きいほど管の厚さが厚くなります。　　　　　　　　　　　　　　　　　　　　　　　▶解答（2）

問2 配管材料及び配管付属品に関する記述のうち，適当なものはどれか。

(1) 単式スリーブ形伸縮管継手は，単式ベローズ形伸縮管継手に比べて継手1個当たりの伸縮吸収量が小さい。

(2) 玉形弁は，リフトが小さいので開閉時間が速く，半開でも使用することができる。

(3) 配管用炭素鋼鋼管（白管）は，水配管用亜鉛めっき鋼管よりも亜鉛付着量が多く，良質なめっき層を有している。

(4) 鋼管とステンレス鋼管は，イオン化傾向がほとんど同じなので，異種金属管の接合は，絶縁フランジを使用する必要はない。

解説

(1) 単式スリーブ形伸縮管継手は，単式ベローズ形伸縮管継手に比べて伸縮吸収量が大きい継手です。

(3) 配管用炭素鋼鋼管（白管）より，水配管用亜鉛めっき鋼管の方が良質なめっき層を有しています。

(4) 鋼管とステンレス鋼管は，イオン化傾向が異なるので，異種金属管の接合には，絶縁フランジを使用します。　　　　　　　　　　　　　▶解答 (2)

問3 ダクト及びダクト付属品に関する記述のうち，適当でないものはどれか。

(1) 低圧ダクトと高圧ダクトは，通常運転時におけるダクト内圧が正圧，負圧ともに300Paで区分される。

(2) 定風量ユニット（CAV）は，上流側の圧力が変動する場合でも，風量を一定に保つ機能を持っている。

(3) 変風量ユニット（VAV）は，外部からの制御信号により風量を変化させる機能を持っている。

(4) 材料，断面積，風量が同じ場合，円形ダクトの方が長方形ダクトより単位摩擦抵抗が小さい。

解説

低圧ダクトと高圧ダクトは，500Paで区分されます。　　　　　▶解答 (1)

ダクト及びダクト付属品に関する記述のうち，適当でないものはどれか。

(1) 防火ダンパーの温度ヒューズの作動温度は，一般系統は72℃，厨房排気系統は120℃とする。

(2) 排煙ダクトに設ける防火ダンパーには，作動温度が280℃の温度ヒューズを使用する。

(3) 厨房に使用する長方形ダクトの継目は，下の2カ所に甲はぜがけとする。

(4) 線状吹出口は，風向調整ベーンを動かすことにより吹出し気流方向を変えることができる。

解説

　長方形ダクトの継目は，上の2カ所にピッツバーグはぜがけか，ボタンパンチスナップはぜにします。ピッツバーグはぜは，もっとも漏気の少ないはぜです。　　　　　　　　　　　　　　　　　　　　　　　　　　　▶解答（3）

▶ 契約約款ほか

問1 「公共工事標準請負契約約款」に関する記述のうち，適当でないものはどれか。

(1) 発注者は，完成通知を受けたときは，通知を受けた日から14日以内に完成検査を完了し，検査結果を受注者に通知しなければならない。

(2) 受注者は，工事目的物及び工事材料等を設計図書に定めるところにより，火災保険，建設工事保険等に付さなければならない。

(3) 発注者は，受注者が工期内に工事を完成させることができないとき，これによって生じた損害の賠償を受注者に対して請求することができる。

(4) 発注者の完成検査で，必要と認められる理由を受注者に通知した上で，工事目的物を最小限度破壊する場合，その検査又は復旧に直接要する費用は発注者の負担となる。

問2 JISに規定する配管に関する記述のうち，適当でないものはどれか。

（1）配管用ステンレス鋼鋼管は，一般配管用ステンレス鋼鋼管に比べて，管の肉厚が厚く，ねじ加工が可能である。

（2）一般配管用ステンレス鋼鋼管は，給水，給湯，冷温水，蒸気還水等の配管に用いる。

（3）硬質ポリ塩化ビニル管には，VP，VM，VUの3種類があり，設計圧力の上限が最も低いものはVMである。

（4）水道用硬質ポリ塩化ビニル管のVP及びHIVPの最高使用圧力は，同じである。

第5章 **施工管理法（管理編）**

▶ **施工計画**

問1 公共工事における施工計画等に関する記述のうち，適当でないものはどれか。

（1）工事目的物を完成させるための施工方法は，設計図書等に特別の定めがない限り，受注者の責任において定めなければならない。

（2）予測できなかった大規模地下埋設物の撤去に要する費用は，設計図書等に

特別の定めがない限り，受注者の負担としなくてもよい。

(3) 総合施工計画書は受注者の責任において作成されるが，設計図書等に特記
された事項については監督員の承諾を受けなければならない。

(4) 受注者は，設計図書等に基づく請負代金内訳書及び実行予算書を，工事契
約の締結後遅滞なく発注者に提出しなければならない。

> **解説**
>
> 発注者から，設計図書等に基づく請負代金内訳書の提出を求められること
> はありますが，実行予算書の提出はありません。　　　　　　▶解答（4）

▶ 工程管理

問1 工程管理に関する記述のうち，適当でないものはどれか。

(1) ネットワーク工程表において，デュレイションとは所要時間のことで，ア
クティビティ（作業）に付された数字のことである。

(2) ネットワーク工程表において，クリティカルパスは，最早開始時刻と最遅
完了時刻の等しいクリティカルイベントを通る。

(3) 配員計画において，割り付けた人員等の不均衡の平滑化を図っていくこと
を山崩しという。

(4) 総工事費が最小となる最も経済的な施工速度を採算速度といい，このとき
の工期を採算工期という。

> **解説**
>
> 総工事費が最小となる最も経済的な施工速度を経済速度といい，このとき
> の工期を最適工期といいます。　　　　　　　　　　　　　▶解答（4）

問2 図に示すネットワーク工程表に関する記述のうち，適当でないものはど
れか。

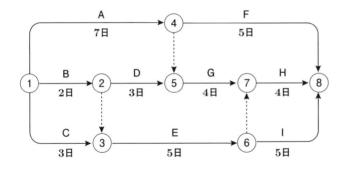

(1) クリティカルパスは，①→④…→⑤→⑦→⑧で所要日数は15日である。

(2) 作業Cのトータルフロートは，2日である。

(3) 作業Dのフリーフロートは，3日である。

(4) イベント④と⑤の最遅完了時刻と最早開始時刻は同じで，7日である。

解説

　図は各イベントの上に，最早開始時刻，その上に最遅完了時刻を記入したものです。

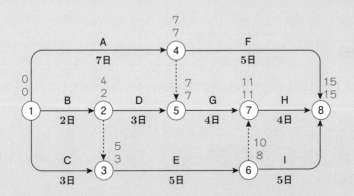

(1) クリティカルパスは，①→④・・・⑤→⑦→⑧で所要日数は15日です。

(2) 作業Cのトータルフロートは，5－3－0＝2日です。

(3) 作業Dのフリーフロートは，7－3－2＝2日です。

(4) イベント④と⑤の最遅完了時刻と最早開始時刻は同じで，7日です。

▶解答（3）

▶ 品質管理

問1 建設工事における品質管理に関する記述のうち, 適当でないものはどれか。

(1) 品質管理として行う内容には, 製作図や施工図の検討, 水圧試験, 風量調整の確認などが含まれる。

(2) 建設工事において, 異常が出たときの処置や, 問題解決と再発防止は品質管理に含まれない。

(3) 管工事の品質に影響を与える要因としては, 現場加工材料の良否, 機器の据付け状況などがある。

(4) 建設工事における品質管理の効果には, 施工品質の向上, 施工不良やクレームの減少等がある。

解説

　建設工事における日常の品質管理には, 異常が出たときの処置や, 問題解決と再発防止も含みます。　　　　　　　　　　　　　　　　▶解答 (2)

▶ 安全管理

問1 建設工事における安全管理に関する記述のうち, 適当でないものはどれか。

(1) 高さが2m以上, 6.75m以下の作業床がない箇所での作業において, 胴ベルト型の墜落制止用器具を使用する場合, 当該器具は一本つり胴ベルト型とする。

(2) ヒヤリハット活動とは, 作業中に怪我をする危険を感じてヒヤリとしたこと等を報告させることにより, 危険有害要因を把握し改善を図っていく活動である。

(3) ZD (ゼロ・ディフェクト) 運動とは, 作業方法のマニュアル化と作業員に対する監視を徹底することにより, 労働災害ゼロを目指す運動である。

(4) 安全施工サイクルとは, 安全朝礼から始まり, 安全ミーティング, 安全巡

回，安全工程打合せ，後片付け，終業時確認までの作業日ごとの安全活動サイクルのことである。

解説

　ZD運動とは，一人一人に自発的な意欲をもたせ，欠陥をゼロにしようとする運動です。品質向上，コストの低減，安全管理にも適用されます。

▶解答（3）

問2 建設工事現場における危険防止に関する記述のうち，適当なものはどれか。

(1) 枠組足場以外の高さ2mの作業床には，墜落のおそれがある箇所に，高さ75cmの手すりと，中さんを取り付ける。

(2) 作業場所の空気中の酸素濃度が16％以上に保たれるように換気を行う。

(3) 交流アーク溶接機の自動電撃防止装置は，毎月1回，作動状態を点検しなければならない。

(4) 架設通路の高さ8m以上の登りさん橋には，高さ7mごとに踊場を設ける。

解説

(1) 高さ85cm以上の手すりと，中さんを取り付けます。

(2) 空気中の酸素濃度は18％以上に保たれるように換気を行います。18％未満は酸素欠乏の状態です。

(3) 自動電撃防止装置は，使用開始前に作動状態を点検します。

▶解答（4）

第6章 施工管理法（施工編）

▶ 機器の設置

問1 機器の据付けに関する記述のうち，適当でないものはどれか。

(1) 排水用水中モーターポンプの据付け位置は，排水槽への排水流入口から離れた場所とする。

(2) 防振基礎の場合は，大きな揺れに対応するために耐震ストッパーは設けない。

(3) 横形ポンプを2台以上並べて設置する場合，各ポンプ基礎の間隔は，一般的に，500mm以上とする。

(4) ポンプ本体とモータの軸の水平は，カップリング面，ポンプの吐出し及び吸込みフランジ面の水平及び垂直を水準器で確認する。

解説

防振基礎の場合，耐震ストッパーを設けます。機器本体と耐震ストッパーのすき間は，定常運転において接触しない程度です。

▶解答（2）

問2 機器の据付けに関する記述のうち，適当でないものはどれか。

(1) 屋内設置の飲料用受水タンクの据付けにおいて，はり形コンクリート基礎上の鋼製架台の高さを100mmとする場合，当該コンクリート基礎の高さは500mmとしてよい。

(2) 雑排水用水中モーターポンプ2台を排水槽内に設置する場合，ポンプケーシングの中心間距離は，ポンプケーシングの直径の3倍としてよい。

(3) 貯湯タンクの据付けにおいては，周囲に450mm以上の保守，点検スペースを確保するほか，加熱コイルの引抜きスペース及び内部点検用マンホール部分の点検作業用スペースを確保する。

(4) ゲージ圧が0.2MPaを超える温水ボイラーを設置する場合，安全弁その他の附属品の検査及び取扱いに支障がない場合を除き，ボイラーの最上部からボイラーの上部にある構造物までの距離は，0.8m以上とする。

▶ 配管工事

問1　配管の施工に関する記述のうち，適当でないものはどれか。

(1) 冷温水横走り配管（上り勾配の往き管）の径違い管を偏心レジューサーで接続する場合，管内の下面に段差ができないように接続する。

(2) 建物のエキスパンションジョイント部を跨ぐ配管においては，変位を吸収するためフレキシブルジョイントを設置する。

(3) 冷温水配管の主管から枝管を分岐する場合，エルボを3個以上用いて，管の伸縮を吸収できるようにする。

(4) 飲料用高置タンクからの給水配管の完了後，管内の洗浄において末端部で遊離残留塩素が0.2mg/L以上検出されるまで消毒する。

問2　配管の施工に関する記述のうち，適当でないものはどれか。

(1) 蒸気配管に圧力配管用炭素鋼鋼管を使用する場合，蒸気還水管は，蒸気給気管に共吊りする。

(2) 鋼管のねじ接合に転造ねじを使用する場合，転造ねじのねじ部の強度は，鋼管本体の強度とほぼ同程度となる。

(3) Uボルトは，配管軸方向の滑りに対する拘束力が小さいため，配管の固定支持には使用しない。

(4) 冷媒配管の接続完了後は，窒素ガス，炭酸ガス，乾燥空気等を用いて気密試験を行う。

解説

蒸気配管に限らず，上の管から吊って荷重をかけることはできません。

▶解答（1）

▶ ダクト工事

問1 ダクト及びダクト附属品の施工に関する記述のうち，適当でないものはどれか。

(1) コイルの上流側のダクトが30度を超える急拡大となる場合は，整流板を設けて風量の分布を平均化する。
(2) 排煙ダクトと排煙機との接続は，フランジ接合とする。
(3) 亜鉛鉄板製スパイラルダクトは，亜鉛鉄板をらせん状に甲はぜ機械掛けしたもので，高圧ダクトには使用できない。
(4) パネル形の排煙口は，排煙ダクト内の気流方向とパネルの回転軸が平行となる向きに取り付ける。

解説

スパイラルダクトは強度があり，高圧ダクトに使用できます。

▶解答（3）

問2 ダクトの施工に関する記述のうち，適当でないものはどれか。

(1) アングルフランジ工法では，低圧ダクトか高圧ダクトかにかかわらず，ダクトの吊り間隔は同じとしてよい。
(2) 共板フランジ工法ダクトに使用するガスケットは，アングルフランジ工法ダクトに使用するガスケットより厚いものを使用する。

(3) スパイラルダクトの差込接合では，鋼製ビスで固定し，ダクト用テープを二重巻きすれば，シール材の塗布は不要である。

(4) 亜鉛鉄板製長方形ダクトの板厚は，ダクト両端の寸法が異なる場合，その最大寸法による板厚とする。

解説

スパイラルダクトの差込接合では，シール材の塗布は必ず行います。

▶解答（3）

▶ 最終工事と試験

問1 保温，保冷の施工に関する記述のうち，適当でないものはどれか。

(1) ホルムアルデヒド放散量は，「F☆☆☆☆」のように表示され，☆の数が多いほどホルムアルデヒド放散量が少ないことを示す。

(2) ポリスチレンフォーム保温材は，優れた独立気泡体を有し，吸水，吸湿がほとんどないため，水分による断熱性能の低下が小さい。

(3) グラスウール保温板の24K，32K，40K等の表示は，保温材の耐熱温度を表すもので，数値が大きいほど耐熱温度が高い。

(4) ステンレス鋼板製（SUS444製を除く。）貯湯タンクを保温する際は，タンク本体にエポキシ系塗装等を施すことにより，タンク本体と保温材とを絶縁する。

解説

グラスウール保温板の24K，32K，40K等の表示は，保温材の密度を表すもので，数値が大きいほど熱伝導率が高いです。つまり，断熱性能が高いことを表しています。

▶解答（3）

(1) ボイラーの試運転では，地震感知装置による燃料停止を確認する。

(2) 軸封装置がメカニカルシールのポンプの試運転では，しゅう動部からほとんど漏水がないことを確認する。

(3) 冷凍機の試運転では，温度調節器による自動発停の作動を確認する。

(4) 揚水ポンプの試運転では，高置タンクの満水警報の発報により，揚水ポンプが停止することを確認する。

解説

　高置タンクの満水警報は，タンクが満水になってもポンプが停止しない場合に出す警報です。揚水ポンプが停止することを確認するのは，満水警報よりも短い電極棒です。　　　　　　　　　　　　　　　　　　▶解答（4）

第7章　法規

▶ 労働安全衛生法

問1 建設工事現場の安全衛生管理に関する記述のうち，「労働安全衛生法」上，誤っているものはどれか。

(1) 統括安全衛生責任者が統括管理しなければならない事項には，協議組織の設置及び運営がある。

(2) 統括安全衛生責任者が統括管理しなければならない事項には，作業間の連絡及び調整がある。

(3) 特定元方事業者は，毎作業日に少なくとも1回，作業場所の巡視を行わなければならない。

(4) 特定元方事業者は，安全衛生責任者を選任し，その者に統括安全衛生責任者との連絡等を行わせなければならない。

問2 建設工事現場の安全衛生管理に関する記述のうち，「労働安全衛生法」上，誤っているものはどれか。

(1) 事業者は，高さが2m以上の箇所での作業において，強風，大雨等の悪天候により危険が予想されるときは，当該作業に労働者を従事させてはならない。

(2) 事業者は，ガス溶接等の業務に使用する溶解アセチレンの容器は，横に倒した状態で保管しなければならない。

(3) 事業者は，3m以上の高所から物体を投下するときは，適当な投下設備を設け，監視人を置く等労働者の危険を防止するための措置を講じなければならない。

(4) 事業者は，高さが5m以上の構造の足場の組立て作業をするときは，作業主任者を選任しなければならない。

▶ 建築基準法

問1 建築物に関する記述のうち，「建築基準法」上，誤っているものはどれか。

(1) 居室の天井の高さは2.1m以上とし，一室で天井の高さの異なる部分がある場合においては，その平均の高さによるものとする。

(2) 「建築」とは，建築物を新築，増築，改築，又は移転することをいう。

(3) 避難階とは，直接地上へ通ずる出入口のある階をいう。

(4) 小規模な事務室のみを設けた地階は，階数に算入しない。

問2 次の記述のうち，「建築基準法」上，正しいものはどれか。

(1) 建築物には，建築設備は含まない。
(2) 特定行政庁は，法令に違反した建築物の工事の施工停止を，工事の請負人に対しては命じることはできない。
(3) 共同住宅は，特殊建築物には該当しない。
(4) 建築物内の配管全体を更新する工事は，大規模な修繕には該当しない。

問3 建築設備に関する記述のうち，「建築基準法」上，誤っているものはどれか。

(1) 排水トラップの封水深は，阻集器を兼ねる排水トラップの場合を除き，5cm以上15cm以下としなければならない。
(2) 天井内等の隠ぺい部に防火ダンパーを設ける場合は，一辺の長さが45cm以上の保守点検が容易に行える点検口を，天井，壁等に設けなければならない。
(3) 換気設備を設けるべき調理室等の給気口は，原則として，当該室の天井高さの $\frac{1}{2}$ 以下の位置に設けなければならない。

(4) 換気設備を設けるべき調理室等の排気口は，原則として，当該室の天井または天井から下方80cm以内の高さの位置に設けなければならない。

> **解説**
>
> 　排水トラップの封水深は，阻集器を兼ねる排水トラップの場合を除き，5cm以上10cm以下とします。　　　　　　　　　　　　　　　▶解答（1）

▶ 建設業法

問1 建設業の種類のうち，「建設業法」上，指定建設業に該当しないものはどれか。

(1) 管工事業
(2) 建築工事業
(3) 電気工事業
(4) 水道施設工事業

> **解説**
>
> 　指定建設業は，建築工事，電気工事，管工事，土木工事，鋼構造物工事，舗装工事，造園工事の7業種です。　　　　　　　　　　　　　▶解答（4）

問2 建設業の許可に関する記述のうち，「建設業法」上，誤っているものはどれか。（金額は令和5年に改正された金額としています。）

(1) 管工事業を営もうとする者は，二以上の都道府県の区域内に営業所を設けて営業をしようとする場合，原則として，国土交通大臣の許可を受けなければならない。
(2) 発注者から直接請け負う1件の管工事につき，下請代金の総額が4,500万円以上となる工事を施工しようとする者は，特定建設業の許可を受けなければならない。

(3) 建設業者は，許可を受けた建設業の建設工事を請け負う場合においては，その建設工事に附帯する他の建設業の建設工事を請け負うことができる。

(4) 国，地方公共団体が発注者である管工事を施工しようとする者は，請負代金の額にかかわらず特定建設業の許可を受けなければならない。

解説

　国，地方公共団体が発注者であるかどうかによらず，特定建設業の許可を受けなければならないのは民間工事でも同じです。

▶解答 (4)

問3 建設工事における施工体制に関する記述のうち，「建設業法」上，誤っているものはどれか。

(1) 主任技術者の専任が必要な建設工事で，密接な関係のある二つの建設工事を同一の場所で施工する場合は，同一の専任の主任技術者とすることができる。

(2) 建設業者は，発注者から直接請け負った建設工事を下請契約を行わずに自ら施工する場合，主任技術者を置かなければならない。

(3) 主任技術者及び監理技術者は，当該建設工事の請負代金の管理，及び，施工に従事する者の技術上の指導監督の職務を誠実に行わなければならない。

(4) 国が注文者である施設に関する管工事で，工事1件の請負代金の額が政令で定める金額（令和5年から4,000万円以上）の工事を施工する場合，工事に置く主任技術者又は監理技術者（特例監理技術者は除く。）は，工事現場ごとに専任の者でなければならない。

解説

　主任技術者及び監理技術者は，当該建設工事の請負代金の管理までは定められていません。

▶解答 (3)

問1 1号消火栓を用いた屋内消火栓設備の設置に関する記述のうち，「消防法」
上，誤っているものはどれか。

(1) 主配管のうち，立上り管は，管の呼びで50mm 以上のものとしなければ
ならない。

(2) 屋内消火栓の開閉弁は，床面からの高さが1.5m以下の位置又は天井に設
けることとし，当該開閉弁を天井に設ける場合にあっては，当該開閉弁は
自動式のものとしなければならない。

(3) 水源の水量は，屋内消火栓の設置個数が最も多い階における当該設置個数
（当該設置個数が2を超えるときは，2とする。）に2.6m³を乗じて得た量
以上の量としなければならない。

(4) 加圧送水装置は，屋内消火栓設備のノズルの先端における放水圧力が
0.7MPaを超えるように設けなければならない。

解説

　加圧送水装置は，屋内消火栓設備のノズルの先端における放水圧力が
0.7MPaを超えないようにします。　　　　　　　　　　　　　▶解答（4）

問2 次の消防用設備等のうち，「消防法」上，消火活動上必要な施設として定め
られていないものはどれか。

(1) 排煙設備

(2) 連結送水管

(3) 屋内消火栓設備

(4) 連結散水設備

「消火活動上必要な施設」とは次の5種類です。排煙設備，連結送水管，連結散水設備，非常コンセント設備，無線通信補助設備です。屋内消火栓設備は，「消防の用に供する設備」に該当します。　　　　　　　　　　▶解答（3）

▶ 労働基準法

問1 建設業における就業に関する記述のうち，「労働基準法」上，誤っているものはどれか。

(1) 使用者は，労働者に，原則として，休憩時間を除き一週間について40時間を超えて労働させてはならない。

(2) 使用者は，満18歳に満たない者をクレーンの玉掛けの業務（二人以上の者によって行う玉掛けの業務における補助作業の業務を除く。）に就かせてはならない。

(3) 使用者は，その雇入れの日から起算して6箇月間継続勤務し，全労働日の7割以上出勤した労働者に対して，原則として，10労働日の有給休暇を与えなければならない。

(4) 使用者は，労働者を解雇しようとする場合においては，原則として，少なくとも30日前にその予告をしなければならない。

使用者は，その雇入れの日から起算して6箇月間継続勤務し，全労働日の8割以上出勤した労働者に対して，原則として，10労働日の有給休暇を与えなければなりません。　　　　　　　　　　　　　　　　　▶解答（3）

▶ 廃棄物の処理及び清掃に関する法律

問1 産業廃棄物の処理に関する記述のうち，「廃棄物の処理及び清掃に関する法律」上，誤っているものはどれか。

(1) 事業者は，産業廃棄物の運搬又は処分を委託する場合には，契約は書面で行い，委託契約書及び書面を契約の終了の日から5年間保存しなければならない。

(2) 事業者は，電子情報処理組織を使用して産業廃棄物の運搬又は処分を委託する場合，委託者に産業廃棄物を引き渡した後，3日以内に情報処理センターに登録する必要がある。

(3) 事業者は，排出した産業廃棄物の運搬又は処分を委託する場合，電子情報処理組織を使用して産業廃棄物の種類，数量，受託者の氏名等を情報処理センターに登録したときは，産業廃棄物管理票を交付しなければならない。

(4) 事業者は，特別管理産業廃棄物の運搬又は処分を委託する場合，あらかじめ，当該委託しようとする特別管理産業廃棄物の種類，数量，性状等を，委託しようとする者に文書で通知しなければならない。

解説

　情報処理センターに登録したときは，産業廃棄物管理票の交付を要しません。　　　　　　　　　　　　　　　　　　　　　　　　　▶解答（3）

▶ **騒音規制法**

問1　特定建設作業に関する記述のうち，「騒音規制法」上，誤っているものはどれか。

　　ただし，災害その他非常の事態の発生により当該特定建設作業を緊急に行う必要がある場合及び人の生命又は身体に対する危険を防止するため特に当該特定建設作業を行う必要がある場合を除く。

(1) 特定建設作業とは，建設工事として行われる作業のうち，びょう打機を使用する作業等の著しい騒音を発生する作業であって，2日以上にわたるものをいう。

(2) 特定建設作業に伴って発生する騒音についての規制は，都道府県知事が定

める指定地域内においてのみ行われる。

(3) 指定地域内において，特定建設作業の騒音は，当該特定建設作業の場所において連続して5日を超えて行われる特定建設作業に伴って発生するものであってはならない。

(4) 指定地域内において，特定建設作業の騒音は，特定建設作業の場所の敷地の境界線において，85デシベルを超えてはならない。

解説

特定建設作業の騒音は，当該特定建設作業の場所において連続して6日を超えて行われる特定建設作業に伴って発生するものは認められていません。

▶解答（3）

▶ 建築物における衛生的環境の確保に関する法律

問1 建築物の用途，及び，その用途に供される部分の延べ面積の組合せのうち，「建築物における衛生的環境の確保に関する法律」上，特定建築物に該当しないものはどれか。

（用途） （延べ面積（m²））
(1) 事務所 ――――― 3,000
(2) 百貨店 ――――― 3,000
(3) 中学校 ――――― 8,000
(4) 共同住宅 ――――― 8,000

解説

「建築物における衛生的環境の確保に関する法律」上，選択肢の中で特定建築物に該当しないのは，共同住宅です。 ▶解答（4）

▶ 施工計画

問1 公共工事の施工計画等に関する記述のうち，適当でないものはどれか。適当でないものは二つあるので，二つとも答えなさい。

(1) 工事の受注者は，設計図書に基づく請負代金内訳書及び実行予算書を，発注者に提出しなければならない。

(2) 総合施工計画書は受注者の責任において作成されるが，設計図書に特記された事項については監督員の承諾を受ける。

(3) 工事に使用する材料は，設計図書にその品質が明示されていない場合にあっては，最低限の品質を有するものとする。

(4) 総合工程表は，現場の仮設工事から，完成時における試運転調整，後片付け，清掃までの全工程の予定を表すものである。

解説

(1) 発注者から請負代金内訳書の提出を求められることはありますが，実行予算書は企業内部の極秘資料なので，発注者に提出することはありません。

(3) 工事に使用する材料は，設計図書にその品質が明示されていない場合にあっては，中等の品質を有するものとします。

▶解答 (1)，(3)

問2 公共工事における施工計画等に関する記述のうち，適当でないものはどれか。適当でないものは二つあるので，二つとも答えなさい。

(1) 仮設，施工方法等は，工事の受注者がその責任において定めるものであり，発注者が設計図書において特別に定めることはできない。

(2) 工事材料の品質は設計図書で定められたものとするが，設計図書にその品質が明示されていない場合は，均衡を得た中等の品質を有するものとする。

(3) 工事原価は共通仮設費と直接工事費を合わせた費用であり，現場従業員の給料，諸手当等の現場管理費は直接工事費に含まれる。

(4) 総合試運転調整では，各機器単体の試運転を行うとともに，配管系，ダクト系に異常がないことを確認した後，システム全体の調整が行われる。

解説

(1) 仮設，施工方法等は，発注者が設計図書において定めることができます。その場合はそれによりますが，一般的に定めないことも多く，その場合は，受注者の責任において定めます。

(3) 工事費の構成は図の通りです。工事原価は純工事費と現場管理費を合わせた費用です。現場従業員の給料，諸手当等の現場管理費は直接工事費に含まれません。

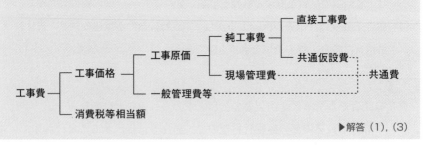

▶解答 (1)，(3)

▶ 工程管理

問1 工程管理に関する記述のうち，適当でないものはどれか。適当でないものは二つあるので，二つとも答えなさい。

(1) ネットワーク工程表において，作業の出発結合点の最早開始時刻から到着結合点の最遅完了時刻までの時間から，当該作業の所要時間を引いた余裕時間をトータルフロートという。

(2) バーチャート工程表は，各作業の着手日と終了日の間を横線で結ぶもので，各作業の所要日数と施工日程が分かりやすい。

(3) ネットワーク工程表において，後続作業の最早開始時刻に影響を及ぼすこ

となく使用できる余裕時間をインターフェアリングフロートという。

(4) 総工事費が最少となる最も経済的な工期を最適工期といい，このときの施工速度を採算速度という。

解説

(3) ネットワーク工程表において，後続作業の最早開始時刻に影響を及ぼすことなく使用できる余裕時間をフリーフロートといいます。

(4) 総工事費が最少となる最も経済的な工期を最適工期といい，このときの施工速度を経済速度といいます。　　　　　　　　　　　　▶解答 (3), (4)

問2 工程管理に関する記述のうち，適当でないものはどれか。適当でないものは二つあるので，二つとも答えなさい。

(1) 工程表作成時に注意すべき項目は，作業の順序と作業時間，休日や夜間の作業制限，諸官庁への申請・届出，試運転調整，検査時期，季節の天候等がある。

(2) ネットワーク工程表には，前作業が遅れた場合の後続作業への影響度が把握しにくいという短所がある。

(3) ネットワーク工程表で全体工程の短縮を検討する場合は，当初のクリティカルパス上の作業についてのみ日程短縮を検討すればよい。

(4) 工期の途中で工程計画をチェックし，現実の推移を入れて調整することをフォローアップという。

解説

(2) ネットワーク工程表には，前作業が遅れた場合の後続作業への影響度が把握しやすいという長所があります。

(3) ネットワーク工程表で全体工程の短縮を検討する場合は，当初のクリティカルパス上の作業についてだけでなく，フロートの小さい作業についても検討を要します。　　　　　　　　　　　　　　　▶解答 (2), (3)

▶ 品質管理

問1 品質管理で用いられる統計的手法に関する記述のうち、適当でないものはどれか。適当でないものは二つあるので、二つとも答えなさい。

(1) 散布図では、対応する2つのデータの関係の有無が分かる。

(2) 管理図では、問題としている特性とその要因の関係が体系的に分かる。

(3) パレート図では、各不良項目の発生件数の順位が分かる。

(4) ヒストグラムでは、データの時間的変化が分かる。

解説

(2) 管理図は、データの時間的変化や異常なばらつきが発見できる図です。問題としている特性とその要因の関係が体系的にわかるのは、特性要因図です。

(4) ヒストグラムはデータを柱状図で表したもので、分布状態がわかります。データの時間的変化がわかるのは管理図です。

▶解答 (2)，(4)

問2 品質管理に関する記述のうち、適当でないものはどれか。適当でないものは二つあるので、二つとも答えなさい。

(1) 品質管理は、設計図書で要求された品質を実現するため、品質計画に基づき施工を実施し品質保証を確立することにある。

(2) 品質管理として行う行為には、搬入材料の検査、配管の水圧試験、風量調整の確認等がある。

(3) 品質管理のメリットは品質の向上や均一化であり、デメリットは工事費の増加である。

(4) PDCAサイクルは、計画→改善→チェック→実施→計画のサイクルを繰り返すことであり、品質の改善に有効である。

(3) 適正な品質管理を行うことにより，手直しの減少など品質の向上や均一化だけでなく，工事費を低減することも可能になります。

(4) PDCAサイクルは，計画（P）→実施（D）→チェック（C）→改善（A）→計画（P）のサイクルを繰り返すことです。品質の改善に有効です。

▶解答（3），（4）

▶ 安全管理

問1 建設工事における安全管理に関する記述のうち，適当でないものはどれか。適当でないものは二つあるので，二つとも答えなさい。

(1) 建設工事に伴う公衆災害とは，工事関係者及び第三者の生命，身体及び財産に関する危害並びに迷惑をいう。

(2) 年千人率は，重大災害発生の頻度を示すもので，労働者1,000人当たりの1年間に発生した死者数である。

(3) 建設業労働安全衛生マネジメントシステム（COHSMS）は，組織的かつ継続的に安全衛生管理を実施するための仕組みである。

(4) 災害の発生頻度を示す度数率は，延べ実労働時間100万時間当たりの労働災害による死傷者数である。

(1) 建設工事に伴う公衆災害とは，第三者の生命，身体及び財産に関する危害並びに迷惑をいいます。工事関係者は含みません。

(2) 年千人率は，労働者1,000人当たり，1年間に発生する死傷者数であり，発生頻度を表します。

▶解答（1），（2）

問2 建設工事における安全管理に関する記述のうち，適当でないものはどれか。適当でないものは二つあるので，二つとも答えなさい。

(1) 特定元方事業者は，労働災害を防止するために，作業場所を週に少なくとも1回巡視しなければならない。

(2) 安全施工サイクルとは，安全朝礼から始まり，安全ミーティング，安全巡回，安全工程打合せ，後片付け，終業時確認までの作業日ごとの安全活動サイクルのことである。

(3) 災害の発生によって，事業者は，刑事責任，民事責任，行政責任及び社会的責任を負う。

(4) 重大災害とは，一時に3人以上の労働者が業務上死亡した災害をいい，労働者が負傷又はり病した災害は含まない。

解説

(1) 特定元方事業者は，労働災害を防止するために，作業場所を毎作業日に少なくとも1回巡視しなければなりません。

(4) 重大災害とは，一時に3人以上の労働者が業務上死傷またはり病した災害をいいます。　　　　　　　　　　　　　　　　　　　▶解答 (1), (4)

▶ 機器の据付け

問1 機器の据付けに関する記述のうち，適当でないものはどれか。適当でないものは二つあるので，二つとも答えなさい。

(1) 防振基礎に設ける耐震ストッパーは，地震時における機器の横移動の自由度を確保するため，機器本体との間の隙間を極力大きくとって取り付ける。

(2) 天井スラブの下面において，あと施工アンカーを上向きで施工する場合，接着系アンカーは使用しない。

(3) 軸封部がメカニカルシール方式の冷却水ポンプをコンクリート基礎上に設置する場合，コンクリート基礎上面に排水目皿及び当該目皿からの排水管を設けないこととしてよい。

(4) 機器を吊り上げる場合，ワイヤーロープの吊り角度を大きくすると，ワイヤーロープに掛かる張力は小さくなる。

(1) 耐震ストッパーと機器本体との隙間は，平常運転時に接触することがない程度にとります。

(4) 機器を吊り上げる場合，ワイヤーロープの吊り角度を大きくすると，ワイヤーロープに掛かる張力は大きくなります。

▶解答 (1), (4)

問2 機器の据付けに関する記述のうち，適当でないものはどれか。適当でないものは二つあるので，二つとも答えなさい。

(1) あと施工のメカニカルアンカーボルトは，めねじ形よりおねじ形の方が許容引抜き力が大きい。

(2) 屋上設置の飲料用タンクのコンクリート基礎は，鋼製架台も含めた高さを400mmとする。

(3) 冷却塔のボールタップを作動させるため，補給水口の高さは，高置タンクの低水位より1mの落差が確保できる位置とする。

(4) 冷却塔は，排出された空気が再び冷却塔に吸い込まれないよう外壁等とのスペースを十分にとるとともに風通しのよい場所に据え付ける。

(2) 屋上設置の飲料用タンクのコンクリート基礎は，鋼製架台も含めた高さを600mm以上にします。

(3) 冷却塔のボールタップを作動させるため，補給水口の高さは，高置タンクの低水位より3mの落差が確保できる位置とします。

▶解答 (2), (3)

▶ 配管及び配管附属品の施工

問1 配管及び配管附属品の施工に関する記述のうち，適当でないものはどれか。適当でないものは二つあるので，二つとも答えなさい。

(1) 複式伸縮管継手を使用する場合は，当該伸縮管継手が伸縮を吸収する配管の両端を固定し，伸縮管継手本体は固定しない。

(2) 水道用硬質塩化ビニルライニング鋼管の切断には，パイプカッターや，高速砥石切断機は使用しない。

(3) 空気調和機への冷温水量を調整する混合型電動三方弁は，一般的に，空調機コイルへの往き管に設ける。

(4) 開放系の冷温水配管において，鋼管とステンレス鋼管を接合する場合は，絶縁継手を介して接合する。

解説
(1) 複式伸縮管継手は，当該伸縮管継手が伸縮を吸収する配管の両端を固定し，伸縮管継手本体も固定します。

(3) 空気調和機への冷温水量を調整する混合型電動三方弁は，一般的に，空調機コイルへの返り管に設けます。　　　　　　　　　　▶解答 (1)，(3)

問2　配管及び配管附属品の施工に関する記述のうち，適当でないものはどれか。適当でないものは二つあるので，二つとも答えなさい。

(1) 冷温水配管に自動空気抜き弁を設ける場合は，管内が負圧になる箇所に設ける。

(2) 冷温水配管からの膨張管を開放形膨張タンクに接続する際は，接続口の直近にメンテナンス用バルブを設ける。

(3) ステンレス鋼管の溶接接合は，管内にアルゴンガス又は窒素ガスを充満させてから，TIG溶接により行う。

(4) 揚水管の試験圧力は，揚水ポンプの全揚程の2倍とするが，0.75mPaに満たない場合は0.75mPaとする。

(1) 冷温水配管に自動空気抜き弁を設ける場合は，管内が正圧になる箇所に設けます。

(2) 膨張管にバルブを取り付け，閉状態のままにした場合，膨張管が機能しなくなり危険です。メンテナンス用バルブを設けることはできません。

▶解答 (1)，(2)

▶ ダクト及びダクト附属品の施工

問1 ダクト及びダクト附属品の施工に関する記述のうち，適当でないものはどれか。適当でないものは二つあるので，二つとも答えなさい。

(1) 送風機吐出し口とダクトを接続する場合，吐出し口断面からダクト断面への変形における拡大角は15°以下とする。

(2) 排煙ダクトを亜鉛鉄板製長方形ダクトとする場合，かどの継目にピッツバーグはぜを用いてはならない。

(3) 横走りする主ダクトには，振れを防止するため，形鋼振れ止め支持を15m以下の間隔で設ける。

(4) 給気ダクトに消音エルボを使用する場合，風量調整ダンパーの取付け位置は，消音エルボの上流側とする。

(2) 排煙ダクトを亜鉛鉄板製長方形ダクトとする場合，かどの継目には，漏気の少ないピッツバーグはぜを用います。

(3) 横走りする主ダクトには，地震時などにおける振れを防止するため，形鋼振れ止め支持を12m以下の間隔で設けます。

▶解答 (2)，(3)

問2 ダクト及びダクト附属品の施工に関する記述のうち，適当でないものはどれか。適当でないものは二つあるので，二つとも答えなさい。

(1) 送風機の吐出し口直後に曲り部を設ける場合は，吐出し口から曲り部までの距離を送風機の羽根径と同じ寸法とする。

(2) 長辺が450mmを超える亜鉛鉄板製ダクトは，保温を施さない部分に補強リブによる補強を行う。

(3) 送風機とダクトを接続するたわみ継手は，たわみ部が負圧となる場合，補強用のピアノ線が挿入されたものを使用する。

(4) 横走り主ダクトに設ける耐震支持は，25m以内に1箇所，形鋼振止め支持とする。

解説

(1) 送風機の吐出し口直後に曲り部を設ける場合は，吐出し口から曲り部までの距離を送風機の羽根径の1.5倍の寸法とします。

(4) 横走り主ダクトに設ける耐震支持は，12m以内に1箇所，形鋼振止め支持をします。　　　　　　　　　　　　　　　　▶解答 (1)，(4)

第1章

設備図と施工

1 設備図

まとめ & 丸暗記 この節の学習内容とまとめ

☐ 送風機の固定

固定法	呼び番号
インサート吊りボルト	$1,\ 1\dfrac{1}{2}$
形鋼による天吊り	$2\sim4$
床置き	$4\dfrac{1}{2}$ 以上

☐ ポンプの配管
ポンプ直近から,
・防振継手
・逆止弁
・仕切弁

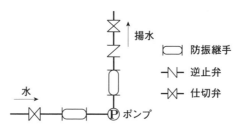

☐ リバースリターン　往き管の長さ＋還り管の長さ＝一定

☐ ループ通気管：最上流機器の下流から立ち上げ

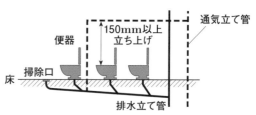

固定と接合

1 吊りボルト

呼び番号1および$1\frac{1}{2}$の送風機は天吊りすることが

できますが，インサート吊りボルトにターンバックル

付の振れ止めを施す必要があります。

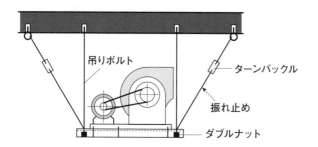

呼び番号2～4であれば天吊りは可能ですが，形鋼（かたこう）

を用いて堅固に取り付けます。これより大きいもの

は，天吊りでなく，床置きとします。

2 冷温水管の吊り

冷温水管を吊りボルト（棒鋼）で吊る場合，支持受

けを木製あるいは合成樹脂製のものにするか，また

は，吊りボルトをロックウール保温材などの断熱材で

巻きます。その上に仕上げ材を施します。

吊りボルト
ねじを切った棒鋼で，
一般にスラブ（床版）
から吊ります。

呼び番号
送風機の羽根車の外径
を示すものです。多翼
送風機では，呼び番号
1が150mmで，数値
は$\frac{1}{2}$刻みです。なお，
呼び番号を＃で表示す
ることもあります
$\left(例：＃1\frac{1}{2}\right)$。

形鋼
平らな鋼材を曲げてつ
くったもので，ここで
は直角に曲げた山形鋼
をいいます。

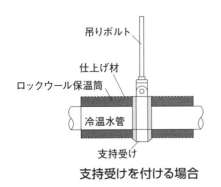

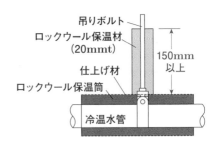

支持受けを付ける場合　　　　断熱材を巻く場合

3 可とう管継手

　軸直角方向の変位に対応でき，地震時に有効に働きます。建物のエキスパンションジョイント部の配管は，地震時に縦横に移動できるよう，可とう管継手2本を直角に使用します。

　可とう管継手を1本しか使っていないものや，配管を吊りボルトで吊っているものは不可で，耐震支持金物で固定します。

平面図

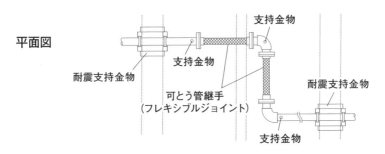

断面図

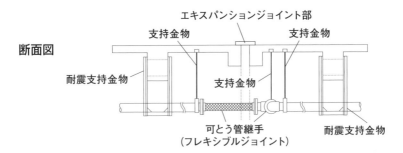

4 防振継手

　ポンプに接続する配管の振動を**低減**させるために使用します。ポンプの**吸込側**と**吐出側**に防振継手を入れ，ポンプに近いほうから，**防振継手→逆止弁（CV）→仕切弁（GV）**の順に設置します。

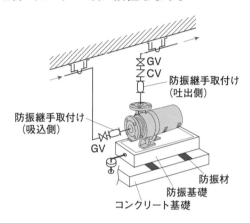

5 伸縮継手

　熱により伸縮する管には，**伸縮継手**を使用します。**単式伸縮継手**は，片側の管の伸縮を吸収できます。**本体をフリー**とし，ガイドは片側に設けて**固定**し，ガイドがない側の管はアングルに**固定**します。

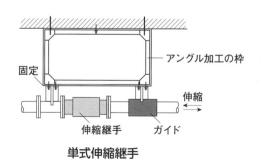

単式伸縮継手

補足

可とう管継手
地震の変位を吸収する継手です。フレキシブルジョイントともいいます。単に可とう継手ともいいます。

エキスパンションジョイント部
建物の動きを他に伝えない接合部分です。

耐震支持金物
一般には，アングル（平板を直角に曲げたもの）のような等辺山形鋼です。

防振継手
図のような継手です。

329

複式伸縮継手は，両側のガイ
ドと継手本体をアングルに固定
します。

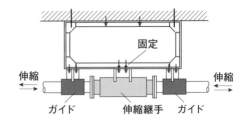

複式伸縮継手

過去問にチャレンジ！

図は，給水設備の揚水配管系統図である。図を修正しなさい。

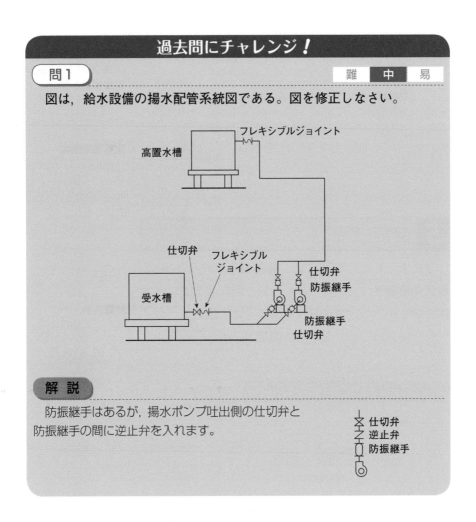

解 説

防振継手はあるが，揚水ポンプ吐出側の仕切弁と
防振継手の間に逆止弁を入れます。

330

配管施工

1 冷温水管

冷温水コイルまわりの配管は，コイル内空気を抜くため，往_いき管（図のCH）を下から入れ，還_{かえ}り管（図のCHR）を上に接続します。これにより，空気が抜けて熱交換上有利になります。

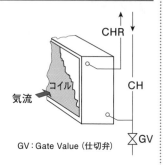

GV：Gate Value（仕切弁）

冷温水管は先上がり勾配が，順勾配となります。

補足

CH，CHR
CHは，「Cool＆Hot」で，冷温水。CHRは，そのReturn（還り）です。

順勾配
流体がスムーズに流れる配管勾配のことです。一方，流れが阻害される配管勾配を「逆勾配」といいます。

凝縮水
水蒸気が冷却され，液化した水です。

2 蒸気管

蒸気管は，保温されていても途中で熱が奪われ，凝縮水が出ます。凝縮水が多くなると，蒸気の流れに支障が生じます。

下図の（A）では，蒸気主管からの凝縮水が分岐管に流れ込み，蒸気の流通に支障が出ます。（B）のように，蒸気主管から立ち上げて分岐し，凝縮水の流入を防ぎます。

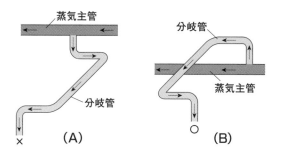

なお，蒸気管では，先上り勾配とすると，凝縮水と蒸気の流れが逆になるので好ましくありません。**先下がり勾配**とすれば同じ方向になり，これが**順勾配**となります。

3　リバースリターン

　下の図の配管方式を，**ダイレクトリターン**方式といいます。ここで示している機器とは，FCU（ファンコイルユニット），放熱器などをいいます。

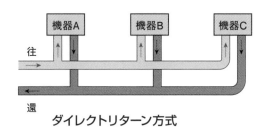

ダイレクトリターン方式

　これに対してリバースリターン方式は，配管損失水頭のアンバランスを是正するために，各機器の配管の長さ（往き管と還り管の合計）をほぼ等しくします。

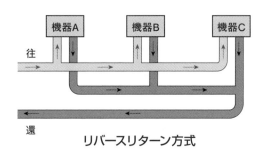

リバースリターン方式

　熱源に近い，一番手前の機器Aの還り管を，一番遠い機器Cに寄ってから戻す方式です。

4 排水管

次の図の排水系統を見てください。不具合箇所はどこでしょう（実線が排水管で，破線が通気管です）。

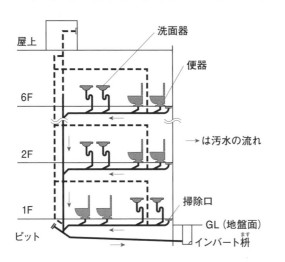

補足

リバースリターン
配管を，逆方向（リバース）に向かわせて，戻します（リターン）。

立て主管を流れている汚水が，横方向に流れを変えるとき，停滞して満流となり1階衛生器具からあふれるおそれがあります。したがって，1階は単独でインバート枡に接続することが必要です。

最下階の横枝管は，単独で排水するようにします。

インバート枡
汚水を流すため，底部にインバート（半円形）を設けた枡です。

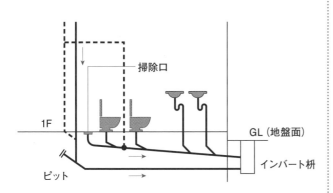

注意すべきは，最下流の器具が**最上流**になったことです。ループ通気方式なので，最上流器具の排水管が排水横枝管と接続する点のすぐ下流側から通気管を立ち上げます。また，掃除口の位置も逆にします。

5 通気管

　ループ通気管は，最上流にある機器排水管が，排水横管と接続する点のすぐ下流側から立ち上げます。

　ループ通気管は，もっとも高い位置にある機器（図では便器）のあふれ縁から150mm以上立ち上げて，通気立て管に接続します。

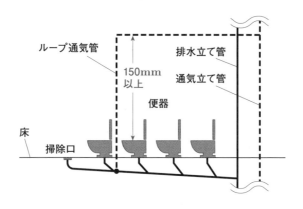

6 通気管の大気開口

　通気管の大気への開放は，窓などの開口部から離します。通気開放の位置は，次の①または②です。

　①開口部の**上部から600mm以上**とする。

　②開口部の**側面から3,000mm以上**とする。

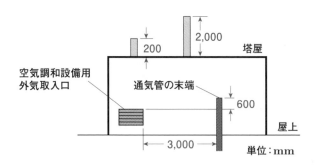

屋上で開放する場合は，200mm以上立ち上げます。運動をしたり洗たく物を干したりと屋上を利用する場合は，2,000mm以上とします。

過去問にチャレンジ！

問1　　　　　　　　　　　　　　　難　中　**易**

図の間違いを指摘しなさい。

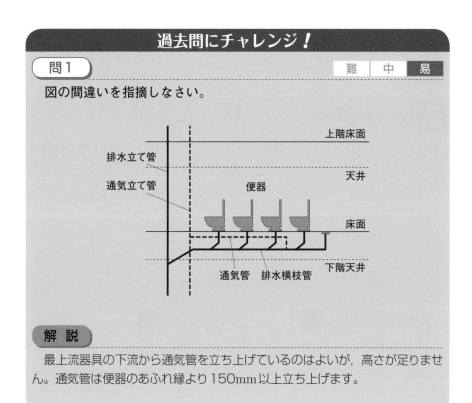

解説

最上流器具の下流から通気管を立ち上げているのはよいが，高さが足りません。通気管は便器のあふれ縁より150mm以上立ち上げます。

ダクト施工

1 風量調節ダンパー（VD）

ダクトが下図のように分岐する場合，風量調節ダンパー（以下，VD）の羽根の開閉方向は，（A）では分岐後に偏流を生じ，下方向のダクトに多くの風量が流れます。（B）では，分岐後に偏流がありません。

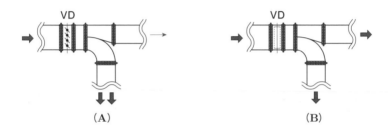

（A）　　　　　　　　　　　　（B）

2 消音装置

VDは，閉に近づけるほど風切音が出るので，消音のために消音装置を適切な位置に設置します。（A）は，消音エルボの下流側にVDがあり，消音効果は望めません。（B）は，消音エルボの上流側にVDがあるので，VDで発生した騒音を低減できます。

消音装置の位置として正しいのは（B）です。

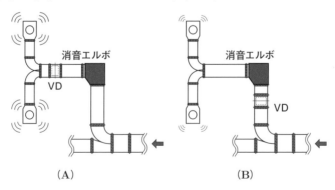

（A）　　　　　　　　　　　　（B）

3 防火ダンパー

　防火ダンパー（FD）が，防火区画を貫通する場合の留意点は，次のとおりです。

● 壁貫通部分のダクトにもロックウール保温材を巻き，すき間にモルタルを詰める。

● 貫通部分のダクトは，1.5mm以上の鉄板とする。

● 防火ダンパーをスラブから吊りボルトで吊る。

● 排煙用ダクトの温度ヒューズは280℃とする。

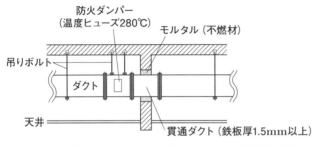

※保温材を施すダクトの場合，貫通部にロックウール保温材を充填し，すき間はモルタルを詰める。

補足

風量調節ダンパー
ダクトの風量を調節するための装置をいいます。VDはVolume Damperの略です。

偏流
分岐後の2つのダクトのいずれか一方に偏って空気が流れることです。

消音エルボ
消音装置の一つで，ダクトの曲がり（直角）部分に設置します。

防火ダンパー
火が他の防火区画に入らないよう，防止する装置をいいます。FDはFire Damperの略です。

過去問にチャレンジ！

問1　　　　　　　　　難　中　易

ダクト図の不適当な箇所を指摘しなさい。

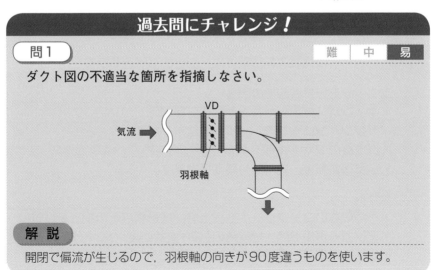

解説

開閉で偏流が生じるので，羽根軸の向きが90度違うものを使います。

2 施工

- ☐ 重量機器
  - ・基礎の長期荷重は運転荷重の3倍以上に耐える鉄筋コンクリート基礎
  - ・アンカーボルトの設置
  - ・ダブルナットの設置
  - ・保守点検スペースの確保

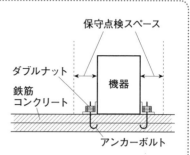

- ☐ 直だき吸収冷温水機
  - ・冷温水コイルの片側に，交換ができるスペースを確保
  - ・その他壁面から点検スペースとして1m以上確保

- ☐ アングルフランジ工法：フランジ全周をボルト，ナットで締め付ける

- ☐ コーナーボルト工法：四隅をボルト，ナットで固定

- ☐ 各機器は，単体試運転調整後に，総合的な試運転調整を行う

- ☐ ユニット形空気調和機の調整
  - ・キャンバス継手のたわみやへこみがない
  - ・ドレンパンに水を流し，排水の詰まりがない
  - ・送風機のVベルト張り具合
  - ・送風機運転後，異常音や異常振動がない

- ☐ 受水槽
  - ・不陸（ふろく）のないコンクリート基礎上に，H形鋼などの架台を設置
  - ・アンカーボルトは，地震時の引抜力やせん断力に十分耐える
  - ・受水槽の底部が点検できるよう，60cm以上の空間

空調設備

1 重量機器の据付け

重量機器の据付けに関する留意事項は，次のとおりです。

- 基礎の長期荷重は運転荷重の3倍以上に耐えられる鉄筋コンクリート基礎とする。
- コンクリート打設後，10日間は機器を載荷しない。
- 地震による転倒や転位のないように設置する。（鉄筋に結束したアンカーボルトやダブルナットなど。ただし，振動機器は防振ゴムを敷く）
- 振動対策として，配管との接続部に防振継手などを用いる。（振動を発生する機器に限る）
- 風圧荷重に耐えられるように基礎に緊結する。（屋外の場合）
- 保守点検スペースを確保する。

2 直だき吸収冷温水機

直だき吸収冷温水機の据付けに関する留意事項は，次のとおりです（工程管理，安全管理に関する事項は除く。本章，以下同）。

- 分割組み立てとするかなどを決め，搬入ルート，クレーンの配置などを考慮する。
- 基礎の強度は，安全耐力上十分なものとする。
  - →基礎の長期荷重は運転荷重の3倍以上に耐えられる鉄筋コンクリート基礎とする。

補足

長期荷重
機器の固定荷重のように，長期にわたり，常時かかっている荷重です。なお，地震や風圧による荷重を短期荷重といいます。

運転荷重
機器単体の重さでなく，燃料や水などを入れて運転したときにかかる荷重です。

直だき吸収冷温水機
再生器の熱源に，加熱装置（バーナ）を用い，冷水と温水の両方を取り出せます。

- 基礎への固定はアンカーボルトにて堅固に固定する（振動機器ではないので）。
- 冷温水コイルの片側に，引き抜き，交換ができるスペースを確保する。
- コイル引き抜き側以外は，壁面から点検スペースとして1m以上確保する。

3 ダクトの施工法

亜鉛鉄板製長方形ダクトの施工法には，アングルフランジ工法とコーナーボルト工法があります。

①アングルフランジ工法

- フランジは，山形鋼を溶接かリベットでつくる。
- ダクトの折り返し幅は5mm以上とし，漏気を防止する。
- ダクトの四隅はすき間ができやすいのでシール材を施す。
- フランジ間にフランジ幅と同じガスケットを用いて漏気を防止する。
- フランジの全周をボルト，ナットで締め付けるための作業スペースを確保する。

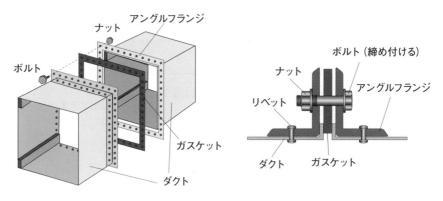

アングルフランジ工法

②コーナーボルト工法

共板フランジ工法とスライドオンフランジ工法があり，両者は施工法に関して次のような多くの共通事項があります。

- 四隅をボルト，ナットで固定し，専用のコーナー金具，フランジ押さえ金具を使用して接続する。
- ダクトの四隅はシール材を用いて漏気を防止する。
- コーナー金具の取付け方向と押さえ金具の外れに注意する。
- フランジ面は平らであることを確認し，ガスケットを適切に用いる。
- アングルフランジ工法に比べて強度が低いので，施工時はダクトに不要な荷重をかけない。

4 保温・保冷施工

空調用配管の保温・保冷を施工（加工・取付け）するうえでの留意・確認事項は，次のとおりです。

- 配管のねじ切部などに錆止め塗装が施されていること。
- 断熱材を巻く前に，水圧試験を行い，漏水のないこと。
- 配管を吊る場合には，結露防止のため，木製や合成樹脂製の支持受けを使用するか，吊りボルトに長さ150mm以上，厚さ20mmで断熱材を施す。
- ロックウールまたはグラスウールの保温筒は，保温筒1本に鉄線を2箇所以上2回巻き締める。
- ポリスチレン保温筒は，合わせ目を粘着テープで止め，両端の継目は粘着テープを2回巻きする。

補足

亜鉛鉄板製長方形ダクト
空気調和および換気に使用するダクトです。

アングルフランジ工法
フランジを等辺山形鋼でつくります。フランジは，ダクト本体にリベット（鋼材を接合する鋲）で止めるか，溶接で取り付けます。ダクトどうしは，フランジ全周をボルト・ナットで接続します。

フランジ
管端に付いた輪状のつばで，管と管を接続するときなどに使用されます。

ガスケット
ガスや水の漏れを防止するために，管やダクトの継ぎ目に設けるゴムや金属製のパッキンです。

- 立て管の外装用テープ巻き
は，下から上に向かって巻き
上げる。
- 壁や梁を貫通する場合，保冷
材の継目ができないようにす
る。

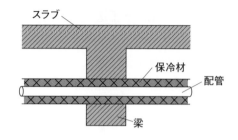

5 単体試運転調整

　各機器は，総合的な試運転調整を行う前に，単体の試運転調整を行います。

　ユニット形空気調和機の単体試運転調整に関して，確認・調整する事項は次のとおりです（工程管理，安全管理に関する事項は除く）。

- キャンバス継手のたわみやへこみがないこと。
- ドレンパンに水を流し，排水の詰まりのないこと。
- 送風機のVベルトの張り具合を確認する。

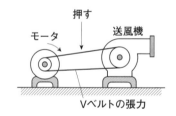

- 送風機の軸受部の注油が適切であること。
- 送風機を手で回し，回転むらのないこと。
- 送風機を瞬時運転し，正規の回転方向であること。
- 送風機運転後，異常音や異常振動がないこと。
- 送風機を一定時間運転した後，軸受温度の上昇が規定値内であること。
- 運転電流が定格電流値であること。
- サーモスタットの設定値を変化させた際の，自動制御弁の作動。

6 総合試運転

中央熱源方式の空気調和設備（自動制御設備を含む）の総合試運転において，確認・調整すべき事項は次のとおりです。

- 熱源機器，冷却塔，空気調和機などの振動や騒音値を測定。
- 空気調和機の送風温度，還気温度，外気温度を測定。
- 吹出し口，還気口，排気口の風量を測定。
- サーモスタット，ヒューミディスタットなどの設定値を変化させ，弁やダンパーなどの作動を確認。
- 熱源機器や補機類のインターロックの作動状況を確認。

補足

ドレンパン
凝縮水として出る排水をドレンといい，受け皿をパンといいます。

サーモスタット
室内の壁面に付ける温度調節器のことで，温度変化を検知して，操作部に信号を送ります。

ヒューミディスタット
室内の壁面に付ける湿度調節器のことで，湿度変化を検知して，操作部に信号を送ります。

過去問にチャレンジ！

問1　　難　中　易

総合的な試運転調整の前に行う，ユニット形空気調和機の単体試運転調整（自動制御を含む）に関して，確認・調整する事項を4つ解答欄に具体的かつ簡潔に記述しなさい。

ただし，工程管理，安全管理に関する事項は除く。

解説

解答例です。
①送風機のVベルトの張り具合を確認する。
②送風機を手で回し，回転むらのないことを確認する。
③送風機運転後，異常音，異常振動がないことを確認する。
④サーモスタットの設定値を変化させ，自動制御弁の作動を確認する。

衛生設備

1 受水槽

①製作図の審査事項

- タラップの手掛け部分は，水槽上部から60cm以上突き出す。
- マンホールは，関係者以外が開けることができないように施錠する。
- マンホールの直径は60cm以上とし，上端を水槽の天端から10cm以上立ち上げる。
- 水槽の底部に吸込みピットを設け，$\dfrac{1}{100}$以上の勾配をつける。
- 大容量の水槽は2槽に分け，清掃時でも片側は使用できる構造とする。
- FRP製パネルは，日光の影響により藻が繁殖しない構造とする。

②据付けの留意事項

- 不陸のないコンクリート基礎上に，H形鋼などの架台を設置して，強固に取り付ける。
- アンカーボルトは，地震時の引抜力やせん断力に十分耐えられるものを選定する。
- 屋外用は，ステンレス製のアンカーボルトでナットは二重とする。
- 受水槽の底部が点検できるよう，60cm以上の空間を設ける。
- 屋内設置の場合，点検スペースとして，各壁面から60cm以上，天井面からは1m以上の空間を設ける。
- 受水槽上部に，他用途の配管，機器類がないように設置する。

2 水中モータポンプ

　雑排水槽に排水用水中モータポンプを据え付ける際の留意事項は，次のとおりです。

- ポンプの点検，引き上げに便利なようにマンホールの直下付近に設置する。
- 水面の上下動が小さい，排水槽流入口から遠い位置に設置する。
- 排水槽底部の吸込みピットの周囲壁面から20cm以上離す。
- 電源ケーブルは，排水槽内で接続すると**絶縁不良**の原因となるので，槽外で接続する。

3 配管支持

配管支持を行う際の留意事項は，次のとおりです。
- 吊りボルトが長い場合，振れ止めを施す。
- 他の配管からの共吊りは行わない。
- 曲がり部分，立ち上がり，分岐部分，大型弁の前後などでは確実に支持をする。

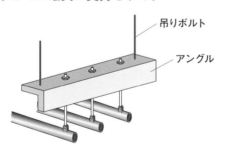

吊りボルト

アングル

4 単体試運転調整

　高置水槽方式の給水設備において，総合的な試運転調整の前に行う**揚水用渦巻ポンプの単体試運転調整**に関して，確認・調整する事項は，次のとおりです。
- グランドパッキンからの漏水量が適当か。
- カップリングの水平がとれているか。

2
施工

タラップ
受水槽のマンホール位置まで登るためのはしごです。

FRP製パネル
FRPはFiber-glass Reinforced Plastic の略。強化プラスチック製のパネルで，外光の透過率が高いと，中で藻が繁殖するおそれがあります。

不陸のない
水平ということです。

ナットは二重
ナット2個を用いて締め付けることで，二重ナット，ダブルナットといいます。

水中モータポンプ
モータと一体構造のポンプのことです。

自動交互運転
2台のポンプが，交互に運転されることです。

- 瞬時運転させて，ポンプの回転方向が正しいか。
- 吐出弁を全閉から徐々に開けていき，運転電流が定格値となるか。
- 軸受温度は周囲温度より40℃以上高くないこと。
- 異常音や異常振動はないか。

5 総合試運転

　高置水槽方式給水設備の総合試運転において，確認・調整すべき事項は，次のとおりです。

- 揚水ポンプが自動交互運転されているか。
- 揚水ポンプ運転時に，電流値や揚水量が適正か。
- 高置水槽の水位により，運転，停止および満水・減水警報などが制御されているか。
- 受水槽の低水位警報時，揚水ポンプの空転防止が作動するか。

過去問にチャレンジ！

問1　難　**中**　易

　飲料用受水槽を据え付ける場合の留意事項を4つ解答欄に具体的かつ簡潔に記述しなさい。ただし，電極棒に関する事項，工程管理および安全管理に関する事項は除く。

解 説

解答例です。
①不陸のないコンクリート基礎上に，H形鋼などの架台を設置し，強固に取り付ける。
②屋外用は，ステンレス製アンカーボルトでナットは二重とする。
③受水槽の底部が点検できるよう，60cm以上の空間を設ける。
④屋内設置の受水槽の場合，点検スペースとして，各壁面から60cm以上，天井面からは1m以上の空間を設ける。

第2章

工程管理

ネットワークの基本

まとめ & 丸暗記　　この節の学習内容とまとめ

☐　時刻の種類
・最遅開始時刻（LST）
前作業を，遅くとも開始しなければならない時刻
・最遅完了時刻（LFT）
前作業を，遅くとも完了しなければならない時刻
・最早開始時刻（EST）
後作業を，もっとも早く開始できる時刻
・最早完了時刻（EFT）
後作業を，もっとも早く完了できる時刻

☐　フロート（余裕時間）の種類
・フリーフロート
・ディペンデントフロート
・トータルフロート

フリーフロート：8－3－4＝1日
ディペンデントフロート：10－8＝2日
トータルフロート：10－3－4＝3日

☐　タイムスケール表示
非作業日を波線で表示

●最早開始時刻による　　　　　●最遅完了時刻による

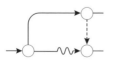　　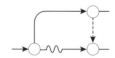

用語

1 基本用語

アロー形ネットワーク工程表に関する用語です。

アクティビティ	作業を表す。──→ で表す
ダミー	実作業はなく，-----→ で表す
イベント	結合点　○数字で表す。たとえば⑥
デュレイション	作業日数のこと
クリティカルパス	もっとも長くかかる工程のこと
リミットパス	当初のクリティカルパスの日数を減らしたとき，新たなクリティカルパスとなるもの

2 時刻の種類

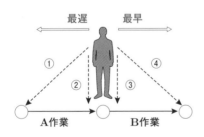

①最遅開始時刻（LST）

A作業を，遅くとも開始しなければならない時刻です。最遅完了時刻－Aの所要時間で求められます。

②最遅完了時刻（LFT）

A作業を，遅くとも完了しなければならない時刻です。

補足

アロー形ネットワーク工程表
第一次検定第5章「2 工程管理」を参照ください。

時刻の種類
最早開始時刻と最遅完了時刻を求めることが重要です。

最早・最遅
「最早○○」は，次の作業に視点を置き，「最遅○○」は，前の作業に視点を置いています。

③最早開始時刻（EST）

　B作業を，もっとも早く開始できる時刻です。

④最早完了時刻（EFT）

　B作業を，もっとも早く完了できる時刻です。

　最早開始時刻＋Bの所要時間で求められます。

3 フロートの種類

● フリーフロート（FF）……①

　ある作業内で自由に使える余裕時間をいいます。次の作業が最早開始時刻で始められます。

● ディペンデントフロート（DF）……②

　ある作業内で使えるが，後続作業に影響します。次の作業が最早開始時刻で開始できません。最遅開始時刻には間に合います。

　　※ディペンデント＝従属している

● トータルフロート（TF）

　①＋②です。すべて使うと，後続作業に影響を及ぼすことがあります。

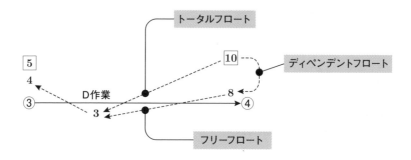

フロートの計算は次のように行います。

　　FF＝④のEST－D作業の日数－③のEST＝8－3－4＝1

　　DF＝④のLFT－④のEST＝10－8＝2

　　TF＝④のLFT－D作業の日数－③のEST＝10－3－4＝3

過去問にチャレンジ！

問1 　　　　　　　　　　　　　　　　難　中　**易**

図に示すネットワーク工程表において，次の設問に答えなさい。

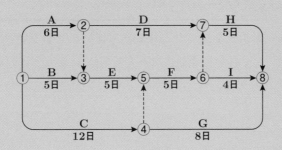

〔設問1〕クリティカルパスを，作業名で示しなさい。

〔設問2〕イベント⑤の最早開始時刻は何日か。

解 説

最早開始時刻と最遅完了時刻を求めます。

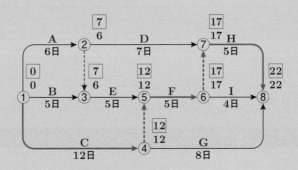

解 答 〔設問1〕C→F→H，〔設問2〕12日

タイムスケール

1 タイムスケールとは

通常のアロー形ネットワーク工程表に，作業を行わない日（非作業日）を波線で表示し，それを書き加えたものです。

それぞれの作業の開始日，終了日，フロートが明確となり，作業の進行状況がよくわかります。

◆最早開始時刻による表示

すぐに作業を開始し，非作業日は波線で表します。

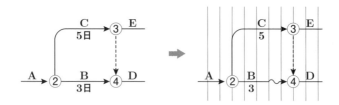

2 タイムスケール表示

タイムスケール表示の示し方を，例題で見てみましょう。

例題 最早開始時刻によるタイムスケール表示をしなさい。

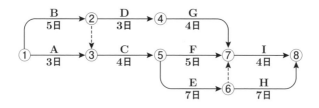

1
ネットワークの基本

解 説 結果は，下図のようになります。

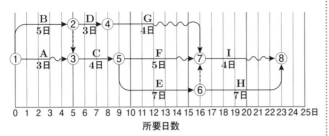

フロートのない作業を結べば，クリティカルパスとなります。よってB→C→E→Hとなります。

補足

タイムスケール
最早開始時刻によるものと，最遅完了時刻によるものがあります。最早開始時刻は，早く作業を終わらせます。最遅完了時刻は，最初に作業をせず，ぎりぎりで終わらせるやり方です。

フロートのない作業
波線のない作業です。1日でも遅れると工期に影響します。つまり，クリティカルパスです。

過去問にチャレンジ！

問1　　　　　　　　　　難　**中**　易

例題のネットワーク図において，最遅完了時刻によるタイムスケール表示をしなさい。

解 説

最遅完了時刻によるタイムスケールは，各作業で非作業日があれば，最初に波線を付けます。

解 答

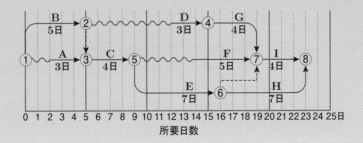

2 平準化と工期短縮

まとめ & 丸暗記　この節の学習内容とまとめ

☐ 山積み図
　・最早開始時刻（EST）による
　・最遅開始時刻（LST）による

☐ 山積図の作成手順
　①EST・LFTを求める
　②クリティカルパス（CP）を
　　求める
　③CPを底辺部に書く
　④最早開始時刻による山積み図
　⑤最遅開始時刻による山積み図

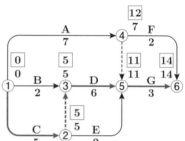

クリティカルパス：C→D→G

☐ 山崩し図
　作業の平準化が目的

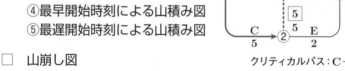

EST による山積み図　　　　　　LST による山積み図

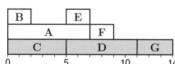

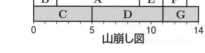

山崩し図

☐ フォローアップ：工期途中で以降の工程を見直すこと
　・フォローアップラインを一点鎖線で記入し，そこを新たなス
　　タートラインとする
　・短縮する作業は，各作業のトータルフロート（TF）を計算し，
　　負のTFを0にする

作業の平準化

1 山積み図

302ページ「例題」のネットワーク図をもとに
- 最早開始時刻（EST）による山積み図
- 最遅開始時刻（LST）による山積み図

を作成します。

◆作成手順

山積み図は，次の手順により作成します。

①EST・LFT（最遅完了時刻）を結合点（イベント）の上に書きます。

②クリティカルパス（CP）を求めます。

③クリティカルパスを作業順に，一番下に書きます（山積み図の底辺部となるように）。

④最早開始時刻（EST）による山積み図は，0日からスタートします。

⑤最遅開始時刻（LST）による山積み図は，工期末から逆に書きます。

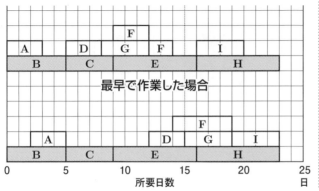

最早で作業した場合

最遅で作業した場合

 補足

山積み図
各作業をブロック（積み木）と考え，進行に合わせて積んでいきます。一番下の基礎となる部分には，クリティカルパスの作業を並べます。

山崩し図
山積み図同様，底辺部はクリティカルパスです。

355

2 山崩し図

作業人員の平準化を目的とした図です。最早と最遅でつくった山積図をもとに，積み木を崩す要領（積み木を分割することもあり）で，すき間を埋めていきます。

たとえば，A作業（3日間）は初日から開始でき，5日までに終了するならどこで行ってもよいのです。また，F作業は9日から開始でき，19日までに完了するならよいことになります。このF作業が高い位置に積み上がっているので，崩すことを考えます。結果として，次の図になります。

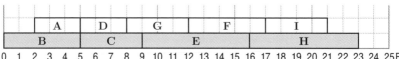

所要日数

過去問にチャレンジ！

問1 　　　　　　　　　　　　　　　　　　　難　**中**　易

最早開始時刻（EST）による山積み図と，最遅開始時刻（LST）による山積み図をつくりなさい。

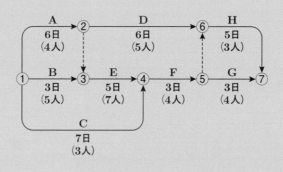

2

解 説

　ESTによる山積み図は，その作業をもっとも早く実施することを考慮して作成します。

　LSTによる山積み図は，その作業が後続作業に遅れを生じさせない，ぎりぎりの工程で作成します。

解 答

●最早開始時刻（EST）による山積み図

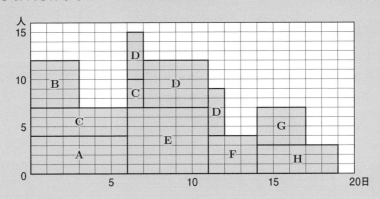

●最遅開始時刻（LST）による山積み図

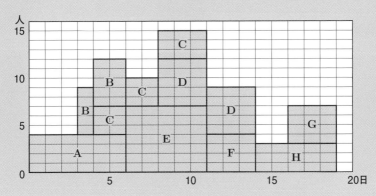

工期短縮

1 工程を見直す

工程を見直す必要のあるケースとして，次のことが考えられます。

- 工程に遅れが出たのでその後の工程を見直し，当初の工期を守る。いわゆるフォローアップ。
- 遅れているわけではないが，施主の都合などにより，当初工程を見直して工期を短縮する。

いずれも，「○日短縮したい」という数値が示されます。どの作業を短縮するかは，トータルフロート（以下，TF）を計算します。

そして，負の数であるTFを0にすることを考えます。

2 フォローアップの方法

工期が8日を過ぎたところでフォローアップ（見直し）を行ってみましょう。

作業名をA～Fとします。

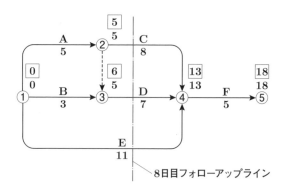

8日目終了時ということは，結合点②と③は通過し，④の手前の段階に

なります。作業の矢印を垂直に切るように一点鎖線の
ラインを引きます。

8日目終了の時点で，残りの作業には，次の日数が
必要なことがわかりました。

作業名	A	B	C	D	E	F
残りの所要日数	0	0	4	5	6	5

◆手順

・フォローアップラインを一点鎖線で記入し，そこ
を新たなスタートラインとする。

・残りの所要日数を記入する。

・最早開始時刻（EST）と最遅完了時刻（LFT）を
記入する。

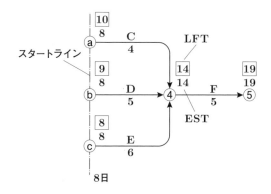

新たなスタートラインのイベント番号を，ⓐ，ⓑ，
ⓒとします（数字を入れると従来のものと混同しやす
いので避けたほうがよい）。

工期が1日延びてしまったので，当初の工期内で完
了させるには，いずれかを1日短縮しなければなりま
せん。

2

平準化と工期短縮

補足

フォローアップ
予定どおりに工程が進
まず，ある時点でそれ
以降の工程を見直すこ
とをいいます。

スタートライン
そこから継続する作業
との交点に，新たなイ
ベント番号を付けます
が，省略することも可
能です。

具体的な短縮方法を，例題で見ていきます。

例 題　下記工程において，工期を3日間短縮したい。どの作業を何日短縮すればよいか。

（条件）・デュレイションの短縮は30%以内とする。

　　　　・各作業の（人・日）は一定である。

　　　　・デュレイションと人数は整数とする。

　　　　・アクティビティの数は最小とする。

　　　　・もっとも経済的に。

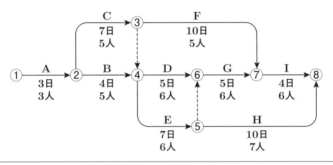

解 説

①最早開始時刻（EST）を求める。それにより所要工期がわかる。

　　→　27日

②最遅完了時刻（LFT）を求める。

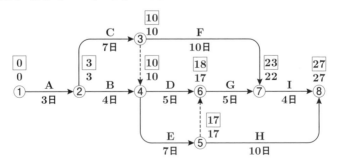

③各作業のトータルフロート（**TF**）を求める。

作業名	A	B	C	D	E	F	G	H	I
TF（当初）	0	3	0	3	0	3	1	0	1
TF（3日短縮）	−3	0	−3	0	−3	0	−2	−3	−2

　この表から，−3の作業をつないだものがクリティカルパスです（**A→C→E→H**）。
　この作業を短縮することを考えます。

④短縮可能日数を計算する。
　A：3日×30％＝0.9　→　0日（短縮できない）
　C：7日×30％＝2.1　→　2日
　E：7日×30％＝2.1　→　2日
　H：10日×30％＝3　→　3日

⑤人数を計算する。
　Cを2日短縮すると，
　　　（7日×5人）÷5日＝7人　→整数OK
　Cを1日短縮すると，
　　　（7日×5人）÷6日≒5.8人　→小数×
　Eを2日短縮すると，
　　　（7日×6人）÷5日＝8.4人　→小数×
　Eを1日短縮すると，
　　　（7日×6人）÷6日＝7人　→整数OK
　Hを3日短縮すると，
　　　（10×7人）÷7＝10人
と，一見可能に見えるが，A→C→E→G→Iがクリティカルパスとなり，工期は1日しか減りません。

解答 Cを2日とEを1日

補足

2 平準化と工期短縮

デュレイション
作業日数のことです。

各作業の（人・日）は一定
日数を減らすのであれば，人数は増やすということです。

アクティビティの数は最小
作業の種類が少ないほうが都合がよいので，最小としています。

短縮可能日数
小数点以下は切り捨て，整数とします。

Hを3日短縮
日数，人数とも整数となり可能なように見えますが，最初のクリティカルパスである**ACEH**が**ACEGI**に変わり，3日短縮にはなりません。このような**G**，**I**のことをリミットパス（準クリティカルパス）といいます。

過去問にチャレンジ！

　図に示すネットワーク工程表について，5日後に工程を検討したところ，作業Aの完了が3日遅れることが判明した。その他の作業は予定どおり進行するものとして，フォローアップ後の工期は何日か。

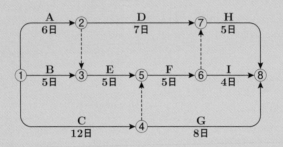

解 説

　当初，作業Aの工程は6日であったが，3日遅れることになったので，6+3＝9日かかることになります。したがって，Aの日数を9に書き換えて最早開始時刻を求めれば，工期は24日となります。

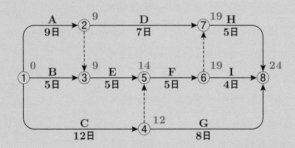

解 答 　24日

第3章

法　規

労働安全衛生法

まとめ & 丸暗記　この節の学習内容とまとめ

☐ 単一の事業所で事業者が選任

総括安全衛生管理者	従業者が100人以上で選任
安全管理者	従業者が50人以上で選任
衛生管理者	従業者が50人以上で選任
産業医	従業者が50人以上で選任
安全衛生推進者	従業者が10人以上50人未満

☐ 作業主任者の種類

作業主任者名	資格
ガス溶接作業主任者	免許
地山の掘削作業主任者	技能講習
土止め支保工作業主任者	技能講習
型枠支保工の組立て等作業主任者	技能講習
足場の組立て等作業主任者	技能講習
酸素欠乏危険作業主任者	技能講習

☐ 高さの基準

高さ
7m — 踊場（8m以上の登りさん橋）
3m — 投下設備・監視人
2m — 作業床・照度・悪天候作業中止
1.8m — 障害物を置かない
1.5m — 安全昇降設備（深さも同様）
85cm — 手すりの高さ
GL（地盤面）

安全衛生体制

1 雇い入れ時の教育

　事業者は，労働者を雇い入れたとき，また労働者の作業内容を変更したときは，当該労働者に対し，その従事する業務に関する安全または衛生のための教育を行うことが義務付けられています。

　雇い入れ時の教育内容は，次のとおりです。

- 作業開始時の点検に関すること。
- 作業手順に関すること。
- 整理，整頓および清潔の保持に関すること。
- 事故時などにおける応急措置および退避に関すること。

2 安全衛生教育

　事業者は，新たに職務につくこととなった職長およびその他の作業中の労働者を，直接指導または監督する者（作業主任者を除く）に対し，安全または衛生のための教育を行わなければなりません。

　安全衛生教育の内容は，次のとおりです。

- 作業方法の決定および労働者の配置に関すること。
- 労働者に対する指導または監督の方法に関すること。
- 労働災害を防止するため必要な事項。

雇い入れ時の教育
新規入場者教育ともいいます。

3 事業者が選任する者

①単一の事業所

　現場で作業する**単一の事業所**において，常時の従業者の人数により，事業者が選任する者は，次のとおりです。

総括安全衛生管理者	従業者が100人以上で選任
安全管理者	従業者が50人以上で選任
衛生管理者	従業者が50人以上で選任
産業医	従業者が50人以上で選任
安全衛生推進者	従業者が10人以上50人未満

　※従業者50人以上では，安全委員会と衛生委員会を設置します。

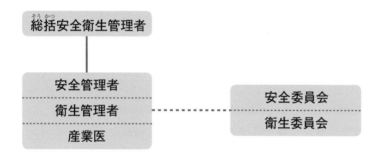

従業者が100人以上の事業所の組織図

②複数の事業所

　元請け，下請けの混在する現場では，従業者の合計が50人以上の場合，次の者が選任されます。

- 統括安全衛生責任者
- 元方安全衛生管理者
- 安全衛生責任者

※議事録は3年間保存します。

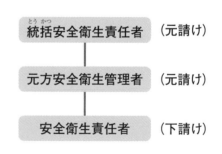

4 作業主任者の職務

作業主任者の行う作業は，次のとおりです。

- 作業を直接指揮すること。
- 器具，工具，用具などの点検と不良品の除去。
- 保護具の使用状況の監視。

5 作業主任者の種類

労働災害を防止するための管理を必要とする作業について選任します。都道府県労働局長の免許を受けた者か，技能講習を修了した者に限られます。

- ガス溶接作業主任者 （免許）
- 地山の掘削作業主任者 （技能講習）
- 土止め支保工作業主任者 （技能講習）
- 型枠支保工の組立て等作業主任者 （技能講習）
- 足場の組立て等作業主任者 （技能講習）
- 酸素欠乏危険作業主任者 （技能講習）
- 石綿作業主任者（技能講習）ほか

6 移動式クレーンの運転

移動式クレーンの運転資格は，吊り上げ荷重によって資格取得の方法が異なります。

吊り上げ荷重	資格の種類
5トン以上	免許
1トン〜5トン未満	技能講習
1トン未満	特別の教育

補足

単一の事業所
現場で仕事をするそれぞれの事業所（企業）のことです。単一の事業所がいくつも集まって現場が運営されます。
第一次検定第5章「4 安全管理」を参照ください。

安全委員会，衛生委員会
2つの委員会に分けず，「安全衛生委員会」として設置することもあります。

技能講習
都道府県労働局長に登録した教習機関の行う講習です。

石綿作業
事業者は石綿を取り扱う労働者について，一月を超えない期間ごとに従事の記録を作成し，40年間保存します。
また，作業主任者に換気装置などを一月を越えない期間ごとに点検させます。

移動式クレーン
事業者は，一月以内ごとに1回，自主検査を行います。

過去問にチャレンジ！

問1 難 **中** 易

労働安全衛生法に関する文中，[　　]内に当てはまる，「労働安全衛生法」上に定められている用語を記入しなさい。

①統括安全衛生責任者を選任した建設業を行う事業者は，厚生労働省令で定める資格を有する者のうちから[　A　]を選任し，その者に統括安全衛生責任者が統括管理すべき事項のうち技術的事項を管理させなければならない。

②下請けが存在する統括安全衛生責任者を選任しなければならない建築現場において，統括安全衛生責任者を選任すべき事業者以外の請負人で，当該仕事を自ら行う者は，[　B　]を選任し，統括安全衛生責任者との連絡等を行わせなければならない。

解 説
本文366ページ参照

解 答 A–元方安全衛生管理者，B–安全衛生責任者

問2 難 **中** 易

建設現場で行う，手掘り掘削，足場の解体，アセチレン溶接の作業において，「労働安全衛生法」上必要とされる場合に選任しなければならない作業主任者の名称を2つ解答欄に記入しなさい。

解 説
本文367ページ参照

解 答 地山の掘削作業主任者，足場の組立て等作業主任者，ガス溶接作業主任者から2つ選ぶ。

安全管理基準

1 高所作業など

平地と高低差のある場所での作業に関する留意事項は，次のとおりです。

- 高さまたは深さが1.5mを超える箇所で作業を行うときは，安全に昇降するための設備を設ける。
- 高さが2m以上の箇所で作業するときは，照度を確保する。
- 高さ2m以上での作業で，強風，大雨，大雪など悪天候により危険が予想される場合は作業を中止する。

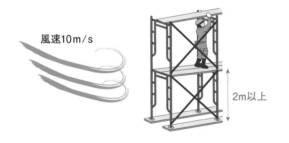

風速10m/s

2m以上

- 高さが2m以上の作業場所には，作業床を設ける。幅は40cm以上とし，床材のすき間は3cm以下とする（吊り足場は，すき間がないように）。手すりの高さは85cm以上とする。
- 脚立と水平面との角度は，75度以下とする。
- 吊り足場で脚立を用いない。
- 脚立の天板には立たない。
- 移動はしごの先端は，60cm以上突き出す。

補足

安全に昇降
移動はしごも該当します。

強風，大雨，大雪
次のとおり定められています。
強風：10分間の平均風速が10m/s以上
大雨：1回の降雨量が50mm以上
大雪：1回の降雪量が25cm以上

作業を中止する
危険が予想される場合は，要求性能墜落制止用器具を使用しても作業はできません。

手すり
中間部にも，中さんを入れます。高さは35～50cmの位置です。

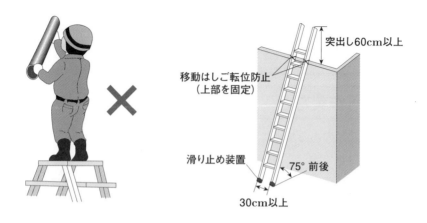

移動はしご転位防止
(上部を固定)

突出し60cm以上

滑り止め装置

75° 前後

30cm以上

2 架設通路

架設通路には，次の基準があります。

- 勾配は30度以下とする。ただし，階段，または高さが2m未満で丈夫な手掛けを設けたものはこの限りでない。
- 勾配が15度を超えるものには，踏みさんその他の滑り止めを設ける。
- 通路面から高さが1.8m以内に障害物を置かない。
- 高さが8m以上の登りさん橋には，7m以内ごとに踊場を設ける。

3 酸素欠乏場所での作業

酸素欠乏とは，空気中の酸素が18％未満の状態をいいます（大気中には，約21％の酸素があります）。

酸素欠乏等とは，上の状態（酸素欠乏）または空気中の硫化水素の濃度が10ppm（100万分の10）を超える状態をいいます。

4 墜落・転落

事業者は，高さが2m以上の作業床の端，開口部などで墜落により労働者に危険を及ぼすおそれのある箇所には，囲い，手すり，覆いなど（以下，

「囲いなど」）を設けます。

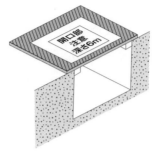

また，囲いなどを設けることが著しく困難なとき，または作業の必要上臨時に囲い等を取りはずすときは，防網を張り，労働者に要求性能墜落制止用器具を使用させるなど，墜落による労働者の危険を防止するための措置を講じなければなりません。

5 飛来・落下

事業者は，高層建築物などの場所で，その上方において他の労働者が作業を行っているところにおいて作業を行うときは，物体の飛来または落下による労働者の危険を防止するため，当該作業に従事する労働者に保護帽を着用させなければなりません。

6 物体の投下

事業者は，高さ3m以上の高所から物体を投下するときは，適当な投下設備を設け，監視人を置くなど労働者の危険を防止するための措置を講じなければなりません。

過去問にチャレンジ！

問 1　　　　　　　　　　　　　　　　　　　　　　難　**中**　易

　労働安全衛生法に関する文中，[　　]内に当てはまる，「労働安全衛生法」上に定められている用語または数値を記入しなさい。

①事業者は，高さが[　A　]m以上の作業床の端，開口部等で墜落により労働者に危険を及ぼすおそれのある箇所には，囲い，手すり，覆い等（以下「囲い等」という）を設けなければならない。また，囲い等を設けることが著しく困難なとき，または作業の必要上臨時に囲い等を取りはずすときは，[　B　]を張り，労働者に[　C　]を使用させるなど，墜落による労働者の危険を防止するための措置を講じなければならない。

②事業者は高さ2m以上の作業床の端で，墜落により労働者に危険を及ぼすおそれのある箇所には，高さ[　D　]cm以上の手すり等を設ける。

③事業者は，高さ[　E　]m以上の高所から物体を投下するときは，適当な投下設備を設け，労働者の危険を防止するための措置を講じなければならない。

解　説

本文369～371ページ参照

解　答　A-2，B-防網，C-要求性能墜落制止用器具，D-85，E-3

第4章

施工経験記述

1 記述の基本

まとめ & 丸暗記　　この節の学習内容とまとめ

□　〔設問例〕その工事につき，次の事項について記述しなさい。

(1) 工事名
○○市○○小学校給排水設備改修工事
　　※契約書の件名，管工事であることがわかるような補足

(2) 工事場所
○○県○○市××町3丁目6番地
　　※都道府県名から書く

(3) 設備工事概要
主要機器…●●●　3台　　　配管…●●●　○○m
　　※主要機器の仕様，配管種，径など

(4) 現場での施工管理上のあなたの立場または役割
現場主任として，工程管理，品質管理に従事
　　※施工管理の中心的役割を担ったことがわかるように

□　文の基本
適切な筆記用具で，次のことに留意して記述
　・かい書で丁寧に
　・誤字がない
　・専門用語や一般的に使う語句は漢字

□　文をつくる
　・適切な言葉を用いる
　・適切な専門用語は文を引き立てる
　・簡単で明瞭な表現

出題例

1 最近の出題例

二次検定試験では，次のような問題が出題されます。

【問題】あなたが経験した管工事のうちから，代表的な工事を1つ選び，次の設問1〜設問3の答えを解答欄に記述しなさい。

〔設問1〕その工事につき，次の事項について記述しなさい。

　(1) 工事名〔例：○○ビル□□設備工事〕

　(2) 工事場所〔例：○○県◇◇市〕

　(3) 設備工事概要〔例：工事種目，工事内容，主要機器の能力・台数等〕

　(4) 現場での施工管理上のあなたの立場または役割

〔設問2〕上記工事を施工するに当たり「工程管理」上，あなたが特に重要と考えた事項についてとった措置または対策を簡潔に記述しなさい。

〔設問3〕上記工事を施工するに当たり「安全管理」上，あなたが特に重要と考えた事項についてとった措置または対策を簡潔に記述しなさい。

2 〔設問1〕の解答例

(1) 工事名

工事名は，原則として**契約書に記載**されたものをそ

補足

工事名
管工事であることが，工事名からわからない場合は，（給排水工事）のように補足するとよいでしょう。

工事場所
番地までわかれば記載してもよいでしょう。

現場での施工管理上のあなたの立場または役割
その工事の施工管理に直接的にかかわったことがわかるように書きます。

のまま省略せずに書きます。

　【例】大山ビル空調設備改修工事

（2）工事場所

　施工場所を，都道府県名から書きます。

　【例】埼玉県さいたま市南区

（3）設備工事概要

　①〜③についての事項を箇条書きにしましょう。

　①建物概要

　　構造，用途，階数，床面積などについて記載します。

　②管工事の種類

　　給水設備工事，空調設備工事などの工事名を記載します。

　③主要機器の仕様

　　機器の大きさや台数などを記載します。

　【例】・給排水設備工事一式

　　　　・鉄筋コンクリート造5階建て事務所における設備改修工事

　　　　・受水槽10m^3　1基　　瞬間ガス湯沸し器18台　　ほか

（4）現場での施工管理上のあなたの立場または役割

　①発注者の場合

　　監督員（監督職員），主任監督員，工事事務所所長，工事監理者などを
　　記載します。

　②請負者の場合

　　現場代理人，現場技術員，現場主任，主任技術者，現場事務所所長な
　　どを記載します。

　【例】現場主任として現場代理人を補佐

　設問2および3の解答例は，「2　合格答案の書き方」（378ページ）を参照
してください。

文の作成

1 文の基本

適切な筆記用具で，次のことに留意し記述します。

- かい書で丁寧に書く。
- 誤字がないように注意する。
- 管工事で使用される**専門用語**を使う。
- 専門用語や一般的に使う語句は漢字で書く。

　【例】かんせつごう→管接合　　ちょうれい→朝礼

2 文をつくる

①適切な言葉を使う

〔✕〕建築屋さんの工程が厳しく，孫請けにもしわ寄せで，工程の見直しをやる羽目になってしまった。

〔〇〕建築請負業者の工程が厳しく，二次下請負まで影響があり，工程の見直しを行った。

②専門用語を入れる

〔✕〕蒸気配管の伸縮を吸収する継手を用いた。

〔〇〕蒸気配管の伸縮を吸収するベローズ形伸縮継手を用いた。

③表現は簡潔にする

　簡単で明瞭な表現に心がけます。

〔✕〕モータと送風機のプーリー間のVベルトの弛みが問題がないことを指で押してみて，適正であることを確認した。

〔〇〕送風機のVベルトを指で押し，厚み分程度の弛みであることを確認した。

1 記述の基本

補足

主要機器の仕様
主要機器がなければ，使用した主な配管種と総延長を記載します。

適切な筆記用具
芯の濃さはHBかBが最適です。シャープペンシルの場合，太さは0.5mm以上としましょう（あまり太すぎてもいけません）。

専門用語
学術的用語だけでなく，現場の状況が的確に把握できる言葉も含みます。ただし，専門的すぎる特殊な用語や，一般的に知られていない商品名などは使用しないほうがよいでしょう。

文をつくる
①〜③の基本に従い，解答用紙のスペースによって，記述する文の長さを調整します。

377

2 合格答案の書き方

まとめ & 丸暗記　　この節の学習内容とまとめ

☐ 減点・不合格答案
次の場合，減点または不合格となる

◆題意に適さない

【例】安全管理のことを訊いているのに工程管理のことを書く。

◆社会通念上好ましくない

【例】工期を守るため，深夜，休日に突貫工事を行った。

◆誤解される表現

【例】資材が盗難にあったので，資材の保管には十分配慮した。

※他の現場で盗難にあったので，この現場ではあわないように注意したという
　　つもりでも，そう解釈されない。

◆トラブルを書いてしまう

【例1】空調機の試運転をしたところ，フィルタの目詰まりで低圧
カットにより，運転不能となる。

【例2】排水管の通水試験で，ピンポン玉が出てこない。

◆あいまい

【例1】工期が厳しいので，工程管理をしっかりやることを重要と
考えた。

※しっかりやるとは具体的に何か？

【例2】高所作業があり，無事故，無災害を安全管理上の重点項目
とした。

※無事故，無災害では重点項目とならず，具体的に

☐ 合格答案
①題意に適した内容　　②簡潔，明瞭　　③具体的（数値など）

※自身の経験であること

減点答案・合格答案

1 減点答案から合格答案へ

記述・表現などの問題点に下線が引いてあります。

◆**工程管理**

【問題】あなたが経験した管工事を施工するに当たり「工程管理」上，特に重要と考えた事項を1つあげ，それについてとった措置または対策を簡潔に記述しなさい。

　①特に重要と考えた事項

　②とった措置または対策

【減点答案】

①長期予報では，晴れの日が多いということであっ

たが，実際は雨が長く続いたため，予定よりも
　　　　　　　└──▶ 理由が長い

防水工事が大幅に遅れ，それに伴い，屋上に設置

予定の室外機の設置が遅れたため，試運転調整の
　　　　　　　　　　　└──▶ 理由が長い

データがとれず，データ未提出のまま施主に引き

渡すことを特に重要と考えた。
　└──▶ データをとらずに引き渡すことは特に重要ではない

工程管理の減点答案
答案文が長いので，記述スペースを超過することが予想されます。

②防水屋さんと工程調整を行った結果，防水完了後の仕上モルタル面に
└─→ 安直な表現

パッケージ基礎を置くような 設計仕様をやめて，アゴ付きコンクリー
あいまい表現 ←─┘   └─→ 仕様変更は元請けのゼネコンでは？

ト基礎に変更 してもらい機器の先行工事が可能となり，工期内にギリ
└─→ へりくだり

ギリ間に合った。
└─→ 安直な表現

【合格答案】

この問題で減点されない文章は次のようなものです。

①長雨により防水工事が遅れ，屋上の空調室外機設置工事の遅延が懸念さ
れたが，工期内に試運転調整まで行って施主に引き渡すこと。

②建築工事業者と調整を行い，防水工事に先行して設置可能なアゴ付きコ
ンクリート基礎に変更し，工期内に完了した。

◆安全管理

【問題】あなたが経験した管工事を施工するに当たり「安全管理」上，特に
重要と考えた事項を1つあげ，それについてとった措置または対策を簡潔
に記述しなさい。

　　①特に重要と考えた事項
　　②とった措置または対策

【減点答案】

①高天井での高所作業があり，ローリングタワーからの墜落防止および
└──┘ └──┘ → 同じ意味の繰返し

落下物による第三者への落下災害を防止すること。
└─→ 第三者が工事現場内にいると勘違いしてしまう

②朝礼でTBM，KYを行い，ローリングタワーの移動は安全帯をきちんと
人が乗っての移動はしない ←─┘

締めてから行うこと，余計な材料や工具はタワーの

┗━━▶ 表現法が幼稚

上に持ってこないことなどを周知徹底させた。

┗━━▶ 表現法が幼稚

施工中は見回り，そういうようなことをしている

作業員がいないかどうかなどの安全確認をした。

┗━━▶ 言い回しがくどい

【合格答案】

　この問題で減点されない文章は次のようなもので
す。

①5mの高天井からダクトを吊る作業があり，ローリ
　ングタワーからの墜落防止を特に重要と考えた。

②朝礼でTBM，KYを行い，ローリングタワーでの作
　業時は安全帯を装着し，フックを腰より高い横パイ
　プに固定すること，人を載せて移動しないことを徹
　底した。

◆品質管理

【問題】 あなたが経験した管工事を施工するに当たり
「品質管理」上，特に重要と考えた事項を1つあげ，それ
についてとった措置または対策を簡潔に記述しなさい。

　①特に重要と考えた事項

　②とった措置または対策

【減点答案】

①給水管が長いので，漏れるおそれがあるので，

　　┗━━▶ 言葉のだぶり ◀━━┛

補足

安全管理の減点答案
「特に重要と考えた事項を1つあげ」とあるので，転落災害か落下災害のいずれかに絞ったほうがよいでしょう。

安全管理の合格答案
答案文が短い場合，「〜を重要と考えた」のように文章を適宜付け加えることは可です。

品質管理の減点答案
具体的な名称や数値基準などを記載すべきでしょう。

2

合格答案の書き方

施工不良がないようにすること。

　　　└──▶ どのような不良か具体的にする

②TS継手で，接着材を塗りこみ，しばらく押さえたままにしておくよう

　　　　　　└──▶ 剤（誤字）　　　　　└──▶ どのくらいか具体的にする

に指示した。

【合格答案】

　この問題で減点されない文章は次のようなものです。

①合成樹脂製塩化ビニル管を商品倉庫の真上に配管するため，接続部分からの漏水防止を特に重要と考えた。

②接続部分にTS継手を使用し，接着剤を塗布した後に差込み，口径50mm以下は30秒以上，75mm以上は60秒以上押さえ，戻りがないように現地で指導した。

2 答え方のパターン

　たとえば，『「工程管理」上，あなたが特に重要と考えた事項についてとった措置または対策を簡潔に記述しなさい』という形で出題された場合，次のいずれかのパターンで答えればよいでしょう。

①パターン1

　○○のため（○○なので），△△を特に重要と考え，以下の措置（または対策）をとった。

　　①●●……

　　②●●……

　※箇条書きの例です。まず簡単に理由を書き，重要と考えたことを書きます。

②パターン2

　○○のため，△△を特に重要と考え，●●，●●……を行った。

　※理由および重要と考えたことをあげ，続けて措置や対策を書きます。

③パターン3

●●，●●……を実施した。

※理由や重要と考えた事項は書かずに，工程管理上の措置または対策だけを記述する例です。記述することがたくさんある場合，内容が濃くないとスペースが余るおそれがあります。

3 記述の要点

1級管工事施工管理技士としての能力があるかをみる試験なので，次のことが試されます。

①施工管理力

②国語力

国語力とは，施工管理技士として，関係者と打ち合わせたことなどを的確にまとめ，文章化する能力です。

記述問題は設問1〜3があり，〔設問1〕で，どのような工事経験があるかを記述します。ここは，いわば面接試験と同じで，採点者は，受験者がどのような経歴の持ち主かを読み取ります。また，〔設問2〕，〔設問3〕に記述した内容に齟齬(食い違い)がないか見極めようとします。

面接試験に普段着で行く人はいないでしょう。できるだけ丁寧な文字で，しっかりと書きましょう。

〔設問2〕，〔設問3〕を読んで，事前に考えていた工事の中から，解答できそうなものを選んで，〔設問1〕に答えていきます。

いきなり，〔設問1〕にかからないようにしましょう。

補足

答え方のパターン
ある程度多めの記述量で優先順位を決めておき，スペースが少なければ順位の低いものを削除するか，より簡潔にするかです。一般的には①か②のパターンがよいでしょう。与えられたスペースに，過不足なく丁寧な字で記述することを心がけてください。

2 合格答案の書き方

あなたが経験した管工事のうちから，代表的な工事を1つ選び，次の設問1〜設問3の答えを解答欄に記述しなさい。

〔設問1〕　その工事につき，次の事項について記述しなさい。

(1) 工事件名

(2) 工事場所

(3) 設備工事概要

(4) 現場での施工管理上のあなたの立場または役割

〔設問2〕　上記工事を施工するに当たり「工程管理」上，あなたが特に重要と考えた事項についてとった措置または対策を簡潔に記述しなさい。

〔設問3〕　上記工事を施工するに当たり「安全管理」上，あなたが特に重要と考えた事項についてとった措置または対策を簡潔に記述しなさい。

解 説

下記の解答案は参考であり，各自の実体験に基づき，具体的，簡潔に記述することが重要です。

〔設問1〕

(1) 工事件名

名古屋YS商業ビル設備工事（給排水設備一式）

(2) 工事場所

愛知県名古屋市中村区2丁目

(3) 設備工事概要

・鉄筋コンクリート造3階建て　延べ床面積630m^2

・給排水設備一式

・直結加圧形ポンプユニット1台　　ほか
（4）現場での施工管理上のあなたの立場または役割
　現場代理人

〔設問2〕
①特に重要と考えた事項
　給水配管作業が工程の過半を占めるため，特に配管継手の施工時間を短縮
　することで，工期内に余裕をもって完了させること。
②措置または対策
　図入りの作業標準を作り，作業者全員にステンレス管の伸縮可とう継手，
　ポリブテン管の電気融着継手等を実技指導し，所定の時間内で施工できる
　ようにした。これにより，3日間の工期短縮となった。

〔設問3〕
①特に重要と考えた事項
　主に店舗内で営業しながらの工事であること，搬入，作業スペースが狭い
　ことから，外来者（お客）と従業員の安全を特に重要と考えた。
②措置または対策
　配管等の長物や，手洗い器など嵩のある機器類の搬入時はガードマンを配
　備し，開店1時間前までには納品が完了するようにした。
　また，断水作業，騒音振動，粉じんの出る作業は，週1回の休業日に行う
　ようにした。

練習問題

練習問題 (第二次検定)

▶ 設備図

問1 次の設問1〜設問4の答えを記述しなさい。

〔設問1〕次の（1）〜（5）の記述について，適当な場合には○を，適当でない場合には×を記入しなさい。

(1) ゲージ圧が0.1MPaを超える温水ボイラーを設置する際，安全弁その他の附属品の検査及び取扱いに支障がない場合を除き，ボイラーの最上部からボイラーの上部にある構造物までの距離は，0.8m以上とする。

(2) Uボルトは，配管軸方向の滑りに対する拘束力が小さいため，配管の固定支持には使用しない。

(3) 配管用炭素鋼鋼管を溶接接合する場合，管外面の余盛高さは3mm程度以下とし，それを超える余盛はグラインダー等で除去する。

(4) アングルフランジ工法ダクトでは，低圧ダクトか高圧ダクトかにかかわらず，横走りダクトの吊り間隔は同じとしてよい。

(5) シーリングデイフューザー形吹出口では，一般的に，中コーンが上にあるとき，気流は天井面に沿って水平に拡散する。

〔設問2〕（6）に示す遠心ポンプ特性曲線で，遠心ポンプを並列運転する場合，2台同時運転時の1台当たりの吐出し量を記述しなさい。

〔設問3〕（7）〜（9）に示す図について，適切でない部分の改善策を記述しなさい。

(6) 遠心ポンプ特性曲線

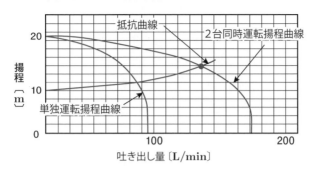

抵抗曲線

2台同時運転揚程曲線

揚程〔m〕

20

10

0

単独運転揚程曲線

100　　　　　200

吐き出し量〔L/min〕

(7) 共板フランジ工法ダクト
　　ガスケット施工要領図（低圧ダクト）

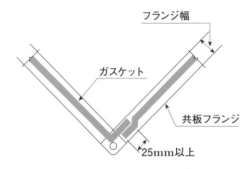

フランジ幅

ガスケット

共板フランジ

25mm以上

(9) 機器据付け完了後の防振架台

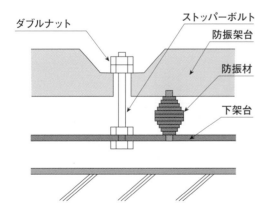

ダブルナット

ストッパーボルト

防振架台

防振材

下架台

(8) 便所換気ダクト系統図

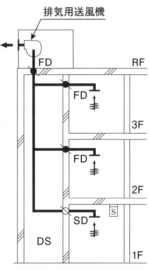

排気用送風機

FD　　　　RF

FD

3F

FD

2F

SD　　　S

DS

1F

凡例

SD　防炎ダンパー

FD　防火ダンパー

S　煙感知器

耐火構造等の防火区画

吸込口

〔設問1〕

(1) 原則として，ボイラーの最上部から天井，配管その他のボイラーの上部にある構造物までの距離は，1.2m以上とします。　　　　　▶解答×

(2) Uボルトは，軸方向の拘束力が弱いので，固定支持には使用しません。
　　　　　　　　　　　　　　　　　　　　　　　　　　　　　　▶解答○

(3) 配管用炭素鋼鋼管の溶接では，余盛高さが大きいと強度が低下するため，余盛高さが3mmを超えるときはグラインダー等で除去します。

　　　　　　　　　　　　　　　　　　　　　　　　　　　　　　▶解答○

(4) アングルフランジ工法ダクトでは，高圧，低圧にかかわらず，横走りダクトの吊り間隔は，同じにできます。　　　　　　　　　　　　▶解答○

(5) シーリングディフューザー形吹出口の中コーンが上にあるときは，吹き出し気流は下に向かいます。　　　　　　　　　　　　　　　　▶解答×

〔設問2〕

(6) 遠心ポンプ特性曲線

　ポンプの運転点は，揚程曲線と抵抗曲線の交点です。2台同時運転した場合，2台同時運転したときの揚程曲線と抵抗曲線との交点を求めると，図のようになります。ポンプ2台の吐き出し量は130〔L/min〕なので，1台あたりは，130÷2＝65〔L/min〕となります。

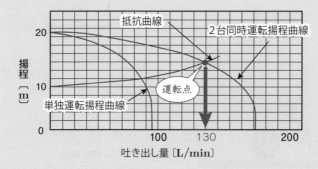

　　　　　　　　　　　　　　　　　　　　　　　　▶解答65〔L/min〕

〔設問3〕

▶解答

【解答例】

(7) ガスケットの接合部分は，フランジの角でなく中央部付近でオーバーラップさせる。

(8) 2階天井に煙感知器を設置し，2階とDSとの貫通部には防火ダンパーではなく，防煙ダンパーを設置する。

(9) 防振材が固定されて地震時に機能を十分発揮できないので，ストッパーボルトのダブルナットを緩める。

▶ 施工

問1 中央機械室の換気用として多翼送風機（呼び番号3，Vベルト駆動）を天井吊り設置する場合の留意事項を具体的かつ簡潔に記述しなさい。

記述する留意事項は，次の（1）～（4）とし，それぞれ記述する。

ただし，工程管理及び安全管理に関する事項は除く。

（1）送風機の製作図を審査する場合の留意事項

（2）送風機の配置に関し，運転又は保守管理の観点からの留意事項

（3）送風機の天井吊り設置に関する留意事項

（4）送風機の個別試運転調整に関する留意事項

解説

▶解答

【解答例】

（1）送風機の呼び番号，風量等の設計図書との照合，電動機の相，電圧等の確認を行う。

（2）他の機器の上部に設置するのを避け，軸受けへの注油，Vベルト交換等が容易になるように，点検スペースを確保する。

（3）吊りボルトではなく，形鋼を溶接した架台に設置する。天井からはスラブ鉄筋に固定するか，後施工アンカーボルトに結束する。

(4) 送風機を手で廻し，摩擦音などが無いのを確認し，電源を投入する。吐出ダンパーを全閉にして徐々に開き，規定の風量に調整する。

問2 高置タンク方式において，揚水ポンプ（渦巻ポンプ，2台）を受水タンク室に設置する場合の留意事項を具体的かつ簡潔に記述しなさい。

記述する留意事項は，次の（1）〜（4）とし，それぞれ記述する。

ただし，工程管理及び安全管理に関する事項は除く。

(1) ポンプの製作図を審査する場合の留意事項

(2) ポンプの基礎又はアンカーボルトに関する留意事項

(3) ポンプ回りの給水管を施工する場合の留意事項

(4) ポンプの個別試運転調整に関する留意事項

解説

▶解答

【解答例】

(1) ポンプの口径，流量，揚程などが設計図書に適合しているかの確認をする。

(2)（ポンプの基礎）

床面300mm程度の高さのコンクリート基礎とし，水平に仕上げる。

（アンカーボルト）

ボルトは基礎の縁から150mm程度の位置とし，ナット締め付け後，ねじ山は3山程度とする。

※ポンプの基礎またはアンカーボルトに関する質問なので，いずれか解答すればよい。

(3) ポンプの振動を吸込管，吐出管に伝達させないため，それぞれの配管に防振継手を設ける。

(4) 配管，ポンプのエア抜きを行い，吐出弁を全閉状態から徐々に開いて規定流量になるように調整する。

▶ ネットワーク

問1 下図に示すネットワーク工程表において，次の設問1～設問5の答えを記述しなさい。ただし，図中のイベント間のA～Jは作業内容，日数は作業日数を表す。

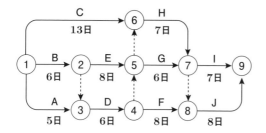

〔設問1〕イベント番号を矢印（ダミーは破線矢印）でつなぐ形式で，クリティカルパスの経路を答えなさい。

〔設問2〕工事着手から4日目の作業終了後に進行状況をチェックしたところ，作業Aは1日，作業Bは2日，作業Cは3日遅れていた。また，作業Fはさらに1日必要なことが判明した。その他の作業日数に変更はないものとして，当初の工期より何日延長になるか答えなさい。

〔設問3〕設問2での工期延長の場合，イベント数の最も少ないクリティカルパスの経路を設問1と同じ形式で答えなさい。

〔設問4〕工事着手から30日の工期で完成させるためには，設問2で進行状況をチェックした時点において遅延又は遅延予定された作業（A，B，C，F）のうち，どの作業を何日短縮する必要があるか答えなさい。

〔設問5〕工程計画に遅れが生じたときに，遅れを取り戻すために行う工程管理上の具体的な方法を一つ記述しなさい。

〔設問1〕

下図は問題のネットワーク工程表に最早開始時刻を記入したものです。

クリティカルパスは，太線で示したものです。

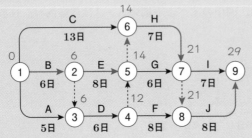

▶解答 ①→②→⑤…→⑥→⑦…→⑧→⑨

〔設問2〕

作業日数を変更して最早開始時刻を計算すると図のようになります。工期は31日であり，当初の工期が29日なので，2日延長になります。

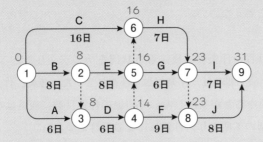

▶解答 2日

〔設問3〕

設問2の図において，クリティカルパスは次の3つです。

(a)　①→②→⑤…→⑥→⑦…→⑧→⑨

(b)　①→②…→③→④→⑧→⑨

(c)　①→⑥→⑦…→⑧→⑨

イベント数が最も少ないのは，(c) のルートです。

▶解答 ①→⑥→⑦…→⑧→⑨

〔設問4〕

31日の所要工期を30日で実施するため，1日短縮する必要があります。

図は，1日短縮したときの最早開始時刻を，設問2の数字の上に記入したものです。

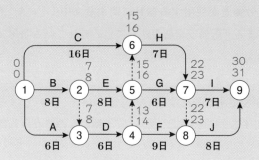

A，B，C，Fの作業のうち，

・作業Aについて

③の最早開始時刻が7日なので，何日短縮しても工期短縮できません。

・作業Bについて

②の最早開始時刻が7日なので，1日短縮する必要があります。

・作業Cについて

⑥の最早開始時刻が15日なので，1日短縮する必要があります。

・作業Fについて

⑧の最早開始時刻は22日なので，何日短縮しても工期短縮できません。

▶解答 作業Bと作業Cを各1日短縮する。

〔設問5〕

クリティカルパスやリミットパス（準クリティカルパス）を求めて，どの作業を何日短縮すればよいかを考えます。短縮すべき作業を効率的に行うため，作業人数を増やす，熟練した作業員を割り当てる，機械化できる部分は機械化する，工場生産化，プレハブ化するなどを考慮します。

▶解答

【解答例】

短縮できる作業を探し，短縮日数を検討する。その作業を熟練作業員による2班体制で実施する。

▶ 労働安全衛生法

問1 次の設問1の答えを記述しなさい。

〔設問1〕墜落防止のために労働者が使用する器具に関する文中，〔 A 〕～
〔 E 〕に当てはまる「労働安全衛生法」に定められている語句又は
数値を記述しなさい。

　墜落防止のために労働者が使用する器具は〔 A 〕といい，〔 B 〕メート
ルを超える高さの箇所で使用する〔 A 〕は，〔 C 〕型のものでなければな
らない。

　また，事業者は，「高さが〔 D 〕メートル以上の箇所であって作業床を設け
ることが困難なところにおいて，〔 A 〕のうち〔 C 〕型のものを用いて行
う作業に係る業務（ロープ高所作業に係る業務を除く。）」に該当する業務に労働
者をつかせるときは，当該業務に関する安全又は衛生のための〔 E 〕を行わ
なければならない。

解説

　墜落を防止するために使用する器具を，要求性能墜落制止用器具（旧安全
帯）といいます。6.75mを超える高所作業では，フルハーネス型（体の前と
後を肩から股までベルトで固定するもの）を使用します。高さが2m以上の箇
所で作業床を設けることが困難なところでフルハーネス型のものを用いる作
業では，作業者に安全または衛生のための特別の教育を実施します。

▶解答 A：要求性能墜落制止用器具　B：6.75　C：フルハーネス　D：2　E：特別の教育

第4章 施工経験記述

問1 あなたが経験した管工事のうちから，代表的な工事を1つ選び，次の設問1～設問3の答えを記述しなさい。

〔設問1〕その工事につき，次の事項について記述しなさい。

(1) 工事名〔例：○○ビル□□設備工事〕

(2) 工事場所〔例：○○県◇◇市〕

(3) 設備工事概要〔例：工事種目，工事内容，主要機器の能力・台数等〕

(4) 現場での施工管理上のあなたの立場又は役割

〔設問2〕上記工事を施工するにあたり「工程管理」上，あなたが特に重要と考えた事項を記述しなさい。
また，それについてとった措置又は対策を簡潔に記述しなさい。

〔設問3〕上記工事の「材料・機器の現場受入検査」において，あなたが特に重要と考えて実施した事項を簡潔に記述しなさい。

▶解答

【解答例】

〔設問1〕

(1) 工事名

　　○○事務所空調設備更新工事

(2) 工事場所

　　神奈川県茅ヶ崎市

(3) 設備工事概要

　　空気調和設備工事一式。事務所ビルにおいて，既存空調設備を改修し，空冷ヒートポンプマ
　　ルチエアコン○○kW○台の入替え工事及び，付随する冷媒管，ドレン管の更新工事等

(4) 現場でのあなたの立場または役割

　　現場代理人

〔設問2〕

(1) 冷房シーズン直前で，事務所が稼働する中での制約のある更新工事のため，的確なスケジュー
　　ル管理を行い，空調6系統を各5日間で試運転調整まで含めて実施し，予定工期で引き渡す
　　こと。

(2)・フロンガス回収に時間を要するため，室内機からのポンプダウンは作業班を2グループに分
　　けて実施した。

　　・休所日の土曜・日曜日に室内作業を実施し，平日に室外機設置工事等の屋外作業を実施し
　　た。

〔設問3〕

搬入された機器，資材が発注書と異なると，工期遅延のおそれがあるため，次のことを行った。

・室外機，室内機にキズ，へこ，汚れ等が無いか目視点検を実施した。

・機器の型式，性能等が発注書通りか確認する。現場が海の近くであり，防錆仕様，塩害仕様と
　なっているかを，現場主任と2人体制で確認した。

索 引

1951年，埼玉県川越市生まれ。一級建築士事務所SEEDO（SEkine Engineering Design Office）代表。(株) SEEDO代表取締役。学校，公園等の設計や監理，高等技術専門校指導員等を経て，SEEDOを設立。現在は資格取得支援等を行っている。取得している主な国家資格は，1級管工事施工管理技士，1級電気工事施工管理技士，1級建築施工管理技士，1級建築士，建築設備士等多数。著書に『ラクラク突破 解いて覚える消防設備士甲種4類 問題集（エクスナレッジ）』『スーパー暗記法 合格マニュアル 建築物環境衛生管理技術者（日本理工出版会）』『スーパー暗記法 合格マニュアル 1級管工事施工管理技士（日本理工出版会）』等がある。

SEEDOホームページ：seedo.jp

1級 管工事 超速マスター ［第5版］

2013年12月10日 初版 第1刷発行
2023年11月20日 第5版 第1刷発行
2024年 8 月 1 日 第5版 第2刷発行

著 者	関 根 康 明	
編 集	株式会社 エ デ ィ ポ ッ ク	
発 行 者	多 田 敏 男	
発 行 所	TAC株式会社 出版事業部	
	（TAC出版）	

〒101-8383 東京都千代田区神田三崎町3-2-18
電話 03 (5276) 9492（営業）
FAX 03 (5276) 9674
https://shuppan.tac-school.co.jp

組 版	株式会社 エ デ ィ ポ ッ ク	
印 刷	株式会社 ワ コ ー	
製 本	株式会社 常 川 製 本	

© Edipoch 2023　　Printed in Japan

ISBN 978-4-300-10589-4
N. D. C. 510

書籍の正誤に関するご確認とお問合せについて

書籍の記載内容に誤りではないかと思われる箇所がございましたら、以下の手順にてご確認とお問合せをしてくださいますよう、お願い申し上げます。

なお、正誤のお問合せ以外の**書籍内容に関する解説および受験指導などは、一切行っておりません。**
そのようなお問合せにつきましては、お答えいたしかねますので、あらかじめご了承ください。

1 「Cyber Book Store」にて正誤表を確認する

TAC出版書籍販売サイト「Cyber Book Store」の
トップページ内「正誤表」コーナーにて、正誤表をご確認ください。

CYBER TAC出版書籍販売サイト
BOOK STORE

URL:https://bookstore.tac-school.co.jp/

2 **1**の正誤表がない、あるいは正誤表に該当箇所の記載がない
⇒ 下記①、②のどちらかの方法で文書にて問合せをする

★ご注意ください★

お電話でのお問合せは、お受けいたしません。
①、②のどちらの方法でも、お問合せの際には、「お名前」とともに、
「対象の書籍名(○級・第○回対策も含む)およびその版数(第○版・○○年度版など)」
「お問合せ該当箇所の頁数と行数」
「誤りと思われる記載」
「正しいとお考えになる記載とその根拠」
を明記してください。
なお、回答までに1週間前後を要する場合もございます。あらかじめご了承ください。

① ウェブページ「Cyber Book Store」内の「お問合せフォーム」より問合せをする

【お問合せフォームアドレス】

https://bookstore.tac-school.co.jp/inquiry/

② メールにより問合せをする

【メール宛先 TAC出版】

syuppan-h@tac-school.co.jp

※土日祝日はお問合せ対応をおこなっておりません。
※正誤のお問合せ対応は、該当書籍の改訂版刊行月末日までといたします。

乱丁・落丁による交換は、該当書籍の改訂版刊行月末日までといたします。なお、書籍の在庫状況等により、お受けできない場合もございます。
また、各種本試験の実施の延期、中止を理由とした本書の返品はお受けいたしません。返金もいたしかねますので、あらかじめご了承くださいますようお願い申し上げます。

(2022年7月現在)